舗装点検要領に基づく
舗装マネジメント指針

平成 30 年 9 月

公益社団法人　日 本 道 路 協 会

序

　道路は，国民生活にとって最も身近な社会資本であり，社会・経済，文化に至る様々な活動を支える根幹的なインフラとして重要な役割を担っている。わが国においては，戦後，受益者負担と利用者負担を原則とする二つの制度によって，舗装，改良，新設など本格的な道路整備が進められ，現在では高速道路等の規格の高い道路ネットワークは１万キロを超えるまでになった。しかし，頻発する災害時の救急・救命活動，緊急物資輸送への対応，地方創生，渋滞対策，交通安全対策，良好な都市・住宅環境の形成などを考えると，引き続き着実な整備が必要となっている。

　一方，適切な維持管理も重要な課題となっている。わが国では，高度経済成長期以降に整備したインフラが一斉に老朽化することが見込まれている。国土交通省では平成 25 年を「社会資本メンテナンス元年」と位置づけ，同年，道路法を改正し，点検基準の法定化や国による修繕等代行制度の創設等を行い，道路の老朽化対策を推進しているところである。

　舗装に関しても，舗装の長寿命化・ライフサイクルコストの削減など効率的な修繕の実施にあたり，点検等に関する基本的な事項を示した「舗装点検要領」が平成 28 年 10 月に策定された。

　日本道路協会は，「舗装点検要領」の策定をうけて，同要領に基づく舗装のメンテナンスサイクルの適切な構築・運用の実現を目的として，舗装マネジメントの考え方，点検，診断，措置および記録の各事項における取組手法をとりまとめ，このたび本書を発刊する運びとなった。

　本書が，舗装の維持管理に携われる多くの方に活用され，適切な舗装のメンテナンスサイクルの構築・運用に貢献することを期待する。

平成 30 年 9 月

　　　　　　　　　　　公益社団法人　日本道路協会会長　　宮　田　年　耕

まえがき

　国土交通省では，平成25年を「社会資本メンテナンス元年」と位置付け，老朽化対策に関する各種施策を進めてきている。

　舗装に関しては，平成26年に社会資本整備審議会道路分科会にて建議された「道路の老朽化対策に関する提言」において，「経年的な劣化に基づき適切な更新年数を設定し，点検・更新すべき」とされた。その後，同分科会道路技術小委員会での審議を経て，「舗装点検要領」（以下，「点検要領」という）が平成28年10月に策定されたところである。舗装に関する新設・改築に関する技術基準としては，「舗装の構造に関する技術基準」があるが，維持管理に関する技術基準としては点検要領が初めて策定されたものとなる。

　点検要領には，ライフサイクルコストの削減など効率的な修繕の実施に向けた取組に関する基本的な考え方が示されているほか，点検，診断，措置および記録からなるメンテナンスサイクルの実施事項が規定されている。さらに，点検等の実施にあたり道路を分類すること，点検，診断にあたっては舗装種別ごとの材料・構造特性を考慮すること，長寿命化に向け路盤以下の層を保護することの重要性が明示されている。

　一方で，前述したとおり，点検要領は維持管理に関する技術基準としては初めて策定されたものであり，点検要領に定める各事項の適切かつ効率的な実施に向けては，現場で実際に取り組むために参考となる実務的な技術図書類の整備が求められていた。

　そこで，舗装委員会では，点検要領に基づくメンテナンスサイクルを舗装マネジメントの視点にたって解説し，道路の分類・点検計画の立案等の方法，個々の現場での点検，診断，措置および記録の方法などについて，実務の指針となるよう本書をとりまとめた。

　今後，本書が舗装のメンテナンスサイクルの構築・運用にあたっての参考図書として有効に活用され，舗装マネジメントがより一層的確に実施され，舗装の長寿命化が図られることを願う次第である。

平成30年9月

舗装委員会委員長　　三　浦　真　紀

舗 装 委 員 会

委員長　三 浦 真 紀

舗装マネジメント小委員会（五十音順）

委 員 長	東 川 直 正		
委　　員	秋 葉 正 一	荒 尾 慶 文
	伊 藤 正 秀	井 原　　務
	亀 山 修 一	茅 野 牧 夫
	蔵 治 賢太郎	小梁川　雅
	高 橋 茂 樹	竹 内　　康
	中 尾 吉 宏	西 村 逸 夫
	信 太 啓 貴	林　訓　裕
	丸 山 記美雄	藪　　雅 行
	吉 沢　　仁	渡 邉 一 弘
幹 事 長	桑 原 正 明	
幹　　事	粟 本 太 朗	岡 田 貢 一
	田 中 英 雄	那 珂 通 大
	中 村 博 康	山 田　　寧

舗装性能評価小委員会（五十音順）

委 員 長	濱 田 幸 二	
委 員	秋 葉 正 一	遠 藤 　 桂
	黄 木 秀 実	神 谷 恵 三
	坂 本 寿 信	高 橋 　 修
	竹 井 利 公	竹 内 　 康
	辻 井 　 豪	新 田 弘 之
	信 太 啓 貴	廣 藤 典 弘
	丸 山 記美雄	光 谷 修 平
	峰 岸 順 一	藪 　 雅 行
	山 﨑 泰 生	吉 沢 　 仁
	吉 村 啓 之	渡 邉 一 弘
幹 事 長	吉 中 　 保	
幹 事	岩 永 真 和	江 向 俊 文
	小 栗 直 幸	加 藤 祐 哉
	草 刈 憲 嗣	黒 須 秀 明
	齊 藤 一 之	清 水 忠 昭
	下 野 祥 一	田 中 英 雄
	常 松 直 志	寺 田 　 剛
	戸 谷 賢 智	橋 本 喜 正
	平 岡 富 雄	松 井 伸 頼
	森 石 一 志	吉 本 　 徹

目次

第1章 総 説 ……………………………………………………… 1

1－1 道路法および道路法施行令と舗装点検要領 …………………………… 1

1－2 点検要領の策定経緯 ……………………………………………… 3

1－3 本書の位置付けと構成 …………………………………………… 4

　1－3－1 本書の位置付け ……………………………………… 4

　1－3－2 本書の構成 …………………………………………… 5

1－4 適用上の留意点 ………………………………………………… 7

第2章 点検要領に基づくメンテナンスサイクルと舗装マネジメント ……… 8

2－1 点検要領の主なポイント ………………………………………… 8

　2－1－1 路盤の健全性の確保を通じた長寿命化 ……………………… 9

　2－1－2 道路の特性等に応じた効率的な管理 …………………… 10

　2－1－3 目標設定を通じた長寿命化 ………………………………… 11

2－2 点検要領に基づくメンテナンスサイクルの構築 ………………… 14

2－3 舗装マネジメントとしての取組 ……………………………… 15

第3章 管理計画 …………………………………………………… 20

3－1 道路の分類 …………………………………………………… 20

3－2 管理基準の設定 ……………………………………………… 22

　3－2－1 分類Bにおける設定 …………………………………… 22

　3－2－2 分類C，Dにおける設定 ……………………………… 23

3－3 使用目標年数の設定 ……………………………………… 23

　3－3－1 管理データをもとにした設定の考え方 ………………… 23

-i-

3－3－2　管理データがない場合の設定の考え方 ………………… 24

3－4　点検手法の設定 ……………………………………………………… 25

　　3－4－1　具体的な手法 …………………………………………… 25

　　3－4－2　留意事項 ………………………………………………… 25

3－5　ネットワークレベルの点検計画の立案 ………………………… 26

　　3－5－1　点検頻度の設定 ………………………………………… 26

　　3－5－2　点検計画の立案 ………………………………………… 26

3－6　点検結果等の活用 ………………………………………………… 27

　　3－6－1　補修・修繕計画の立案 ………………………………… 27

　　3－6－2　事後評価と継続的な改善 ……………………………… 28

第4章　分類Bのアスファルト舗装のメンテナンスサイクル ………… 31

4－1　点検の方法 ………………………………………………………… 31

　　4－1－1　基本諸元等の把握 ……………………………………… 31

　　4－1－2　点検手法 ………………………………………………… 35

4－2　健全性の診断 ……………………………………………………… 37

　　4－2－1　診断者 …………………………………………………… 37

　　4－2－2　診断区分 ………………………………………………… 38

　　4－2－3　診断方法 ………………………………………………… 39

　　4－2－4　結果の整理 ……………………………………………… 40

　　4－2－5　詳細調査 ………………………………………………… 40

4－3　措置 ………………………………………………………………… 45

　　4－3－1　措置の考え方 …………………………………………… 46

　　4－3－2　措置における工法選定の考え方 ……………………… 49

　　4－3－3　措置の実施 ……………………………………………… 51

　　4－3－4　措置後の出来形・品質の確認 ………………………… 52

　　4－3－5　結果の整理 ……………………………………………… 52

4－4　記録の方法 ………………………………………………………… 52

4－4－1　記録内容 ……………………………………… 52

4－4－2　記録の更新 ……………………………………… 53

4－4－3　記録の保存期間 ………………………………… 53

4－4－4　記録様式 ………………………………………… 53

4－5　メンテナンスサイクルフロー ………………………… 56

第5章　分類C，Dのアスファルト舗装のメンテナンスサイクル ………… 57

5－1　点検の方法 …………………………………………… 57

5－1－1　基本諸元等の把握 ……………………………… 57

5－1－2　点検手法 ………………………………………… 59

5－2　健全性の診断 ………………………………………… 60

5－2－1　診断者 …………………………………………… 60

5－2－2　診断区分 ………………………………………… 60

5－2－3　診断方法 ………………………………………… 61

5－2－4　結果の整理 ……………………………………… 61

5－2－5　詳細調査 ………………………………………… 61

5－3　措置 …………………………………………………… 62

5－3－1　措置の考え方 …………………………………… 62

5－3－2　措置における工法選定の考え方 ……………… 62

5－3－3　措置の実施 ……………………………………… 63

5－3－4　措置後の出来形・品質の確認 ………………… 63

5－3－5　結果の整理 ……………………………………… 63

5－4　記録の方法 …………………………………………… 63

第6章　コンクリート舗装のメンテナンスサイクル ………………………… 64

6－1　点検の方法 …………………………………………… 64

6－1－1　基本諸元等の把握 ……………………………… 64

6－1－2　点検手法 ································· 70

6－1－3　コンクリート舗装の損傷 ············· 71

6－2　健全性の診断 ······························· 73

6－2－1　診断者 ································· 74

6－2－2　診断区分 ······························· 74

6－2－3　診断方法 ······························· 77

6－2－4　結果の整理 ····························· 78

6－2－5　詳細調査 ······························· 78

6－3　措置 ······································· 80

6－3－1　措置の考え方 ························· 80

6－3－2　措置における工法選定の考え方 ········· 81

6－3－3　措置の実施 ····························· 83

6－3－4　措置後の出来形・品質の確認 ··········· 84

6－3－5　結果の整理 ····························· 84

6－4　記録の方法 ································· 84

6－4－1　記録内容 ······························· 84

6－4－2　記録の更新 ····························· 84

6－4－3　記録の保存期間 ························· 85

6－4－4　記録様式 ······························· 85

6－5　メンテナンスサイクルフロー ··············· 86

付録

付録－1　道路の分類の例 ···························· 87

付録－2　管理基準の概念 ···························· 93

付録－3　管理基準値の設定に関する技術的知見 ········ 96

付録－4　使用目標年数の設定事例 ··················· 102

付録－5　点検計画の立案事例 ······················· 105

付録－6　補修・修繕計画の立案事例 ················· 108

付録－7	補修・修繕計画の公開や検証	110
付録－8	車上目視による点検の例	113
付録－9	アスファルト舗装の徒歩目視による点検の例	118
付録－10	路面性状測定車による点検の例	122
付録－11	コンポジット舗装の特徴と留意点	125
付録－12	FWD による残存等値換算厚の評価事例	127
付録－13	コア抜き調査による詳細調査方法事例	130
付録－14	アスファルト舗装とコンクリート舗装の LCC 算定の比較例	132
付録－15	修繕工事における緊急追加工事	134
付録－16	分類 C，D のアスファルト舗装における点検の例	136
付録－17	損傷の実態に基づいた点検の効率化	138
付録－18	損傷の重篤化につながる路面の損傷	142
付録－19	コンクリート舗装の徒歩目視による点検例	144
付録－20	コンクリート舗装の健全度の診断区分の目安例	149
付録－21	段差およびエロージョンの発生メカニズム	155
付録－22	詳細調査が必要なコンクリート版の損傷形態の例	156
付録－23	コンクリート版の詳細調査の例	159
付録－24	コンクリート舗装のメンテナンス記録様式の例 （連続鉄筋コンクリート舗装以外）	165

第1章　総　説

1－1　道路法および道路法施行令と舗装点検要領

　道路法（昭和 27 年法律第 180 号）第 42 条第 1 項の規定において，道路管理者は道路を常時良好な状態に保つように維持し，修繕し，もって一般交通に支障を及ぼさないように努めなければならないとされている。同条第 2 項の規定に基づき，道路法施行令（昭和 27 年政令第 479 号）第 35 条の 2 において，道路の維持又は修繕に関する技術的基準が定められている。このうち，点検に関する規定は，道路構造等を勘案して，適切な時期に目視その他適切な方法により点検を行うこと，また，点検において損傷等を把握したときは，道路の効率的な維持および修繕が図られるよう必要な措置を講ずることとされている。

　舗装に関しては，上記の点検に関する基本的な事項を記した技術基準が，「舗装点検要領」（平成 28 年 10 月 19 日付け国土交通省道路局企画課長，国道・防災課長，環境安全課長，高速道路課長通達，以下「点検要領」という）として策定されている。

　道路法，道路法施行令および点検要領の規定内容を**図-1.1.1** に示す。

<道路法>

第42条（道路の維持又は修繕）
　道路管理者は、道路を常時良好な状態に保つように維持し、修繕し、もつて一般交通に支障を及ぼさないように努めなければならない。
第2項　道路の維持又は修繕に関する技術的基準その他必要な事項は、政令で定める。
第3項　前項の技術的基準は、道路の修繕を効率的に行うための点検に関する基準を含むものでなければならない。

<道路法施行令>

（道路の維持又は修繕に関する技術的基準等）
第35条の2　法第42条第2項の政令で定める道路の維持又は修繕に関する技術的基準その他必要な事項は、次のとおりとする。
一　道路の構造、交通状況又は維持若しくは修繕の状況、道路の存する地域の地形、地質又は気象の状況その他の状況（次号において「道路構造等」という。）を勘案して、適切な時期に、道路の巡視を行い、及び清掃、除草、除雪その他の道路の機能を維持するために必要な措置を講ずること。
二　道路の点検は、トンネル、橋その他の道路を構成する施設若しくは工作物又は道路の附属物について、道路構造等を勘案して、適切な時期に、目視その他適切な方法により行うこと。
三　前号の点検その他の方法により道路の損傷、腐食その他の劣化その他の異状があることを把握したときは、道路の効率的な維持及び修繕が図られるよう、必要な措置を講ずること。
第2項　前項に規定するもののほか、道路の維持又は修繕に関する技術的基準その他必要な事項は、国土交通省令で定める。

<舗装点検要領>

○適用の範囲 ○点検の目的 ・舗装の修繕の効率的な実施 ○道路の分類 ・損傷の進行が早い道路等（A, B） ・損傷の進行が緩やかな道路等（C, D） ○基本的な考え方 ・舗装種別毎の材料・構造特性を考慮し、それぞれに応じて必要な情報を得る ・損傷の進行が早い道路等のアスファルト舗装においては、使用目標年数を設定 ・点検が合理化できる手法と判断される場合は、新技術を積極的に採用	○アスファルト舗装の点検 ・損傷の進行が早い道路等の点検／使用目標年数の設定／健全性の診断／措置／記録 ・損傷の進行が緩やかな道路等の点検／健全性の診断／措置／記録 ・健全性の診断区分は3区分（Ⅰ健全／Ⅱ表層機能保持段階／Ⅲ修繕段階） ○コンクリート舗装の点検 ・点検／健全性の診断／措置／記録 ・健全性の診断区分は3区分（Ⅰ健全／Ⅱ補修段階／Ⅲ修繕段階）

図－1.1.1　法律，政令および点検要領の規定内容

1－2　点検要領の策定経緯

　国土交通省では，高度成長期以降に整備した社会資本が今後急速に老朽化することを踏まえ，省を挙げて老朽化対策に取り組むため，平成25年を「社会資本メンテナンス元年」と位置付け，各種施策を進めてきている[1]。道路分野においても，橋梁・トンネル等における具体的な点検頻度や方法等に関する事項が平成26年に法令で定められ，「必要な知識及び技能を有する者」が「近接目視」により「5年に1回の頻度」で「健全性の診断」を行い，健全，予防保全段階，早期措置段階，緊急措置段階に至る4区分に分類することとなった。

　舗装については，点検，診断，措置および記録からなるメンテナンスサイクルのあり方に関し，平成26年に社会資本整備審議会道路分科会にてとりまとめられた「道路の老朽化対策に関する提言」[2]において，「経年的な劣化に基づき適切な更新年数を設定し，点検・更新することを検討すべき」とされた。また，笹子トンネル天井板落下事故等を受けて平成25年2月以降順次実施された道路ストックの総点検で初めて舗装の点検を実施した地方公共団体も多く[3]，舗装については点検が十分行われていない状況にあった。これらを踏まえ，社会資本整備審議会道路分科会道路技術小委員会での審議を経て，「損傷の進行が早い道路等」におけるアスファルト舗装において，表層を使い続ける目標期間（使用目標年数）を導入するなどした点検要領が平成28年10月に策定された。

　点検要領は，舗装の長寿命化・ライフサイクルコスト（以下，「LCC」という）の削減など，効率的な修繕の実施にあたり，政令の規定に基づいて行う点検に関する基本的な事項を示し，もって構造的な健全性の確保・道路の特性に応じた走行性，快適性の向上に資することを目的としている。なお，点検要領に記載された基本的な事項を踏まえれば，独自に実施している道路管理者の既存の取組を妨げるものではないとされている。

1－3　本書の位置付けと構成

1－3－1　本書の位置付け

　「舗装点検要領に基づく舗装マネジメント指針」（以下，「本書」という）は，点検要領に基づきメンテナンスサイクルを適切に構築・運用するため，舗装の管理に携わる関係者の理解と判断を支援する実務的なガイドラインとして位置付けられる。また，本書は，道路管理者の独自の取組が点検要領の趣旨に沿った取組かどうか判断するための図書である。

　ここで，メンテナンスサイクルの構築とは，管内の道路を対象に道路の分類，管理基準の設定，点検方法の決定など点検要領に基づくメンテナンスサイクルの取組方法を決めることであり，メンテナンスサイクルの運用とは，構築したメンテナンスサイクルを継続して回していくことである。このメンテナンスサイクルの運用段階において，各取組に対して事後評価を行い課題を抽出し，それに対して継続的に改善を図っていくことで，舗装マネジメントとしての取組となる。

　メンテナンスサイクルの構築・運用にあたり，関連する法規類を遵守することは当然であるが，本書に関連する技術図書も存在しており，それらを含め，**図-1.3.1**に技術基準等の体系と本書の位置付けを示す。「舗装点検必携　平成29年版」は，実際の現場における点検，診断を支援するハンドブックとして，各損傷の特徴と発生原因，措置の考え方を中心にとりまとめられている。

　関連する技術図書においては，「舗装の維持修繕ガイドブック2013」が，舗装の損傷の詳細調査に該当する構造調査の手法や補修・修繕の考え方，工法の選定手法，性能の確認・検査などについての実用書として，「コンクリート舗装ガイドブック2016」が，コンクリート舗装について，その計画，設計から補修・修繕までのメンテナンスサイクルの構築・運用についての実用書としての役割を有している。その他，設計方法を理解するための図書として「舗装設計便覧」，舗装の具体的な施工技術の例について示した「舗装施工便覧」など，各段階で参考となる技術図書類が存在している。

-4-

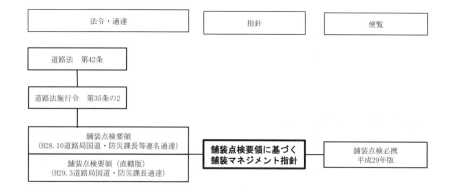

図－1.3.1　技術基準等の体系と本書の位置付け

１－３－２　本書の構成

本書の構成を，**図-1.3.2** に示す。

　点検要領に基づくメンテナンスサイクルは，個々の区間における点検，診断，措置および記録からなるサイクルであり，それら個々の区間の集合体として道路網が形成されている。そのため，各道路管理者は，管内の道路網の舗装をどのように効率的に管理していくか，という舗装マネジメントの視点にたった取組が必要となる。そこで，本書では，点検要領のポイントを解説した上で舗装マネジメントの全体像を示し，舗装マネジメントとしての点検要領に基づくメンテナンスサイクルの構築・運用の考え方についてとりまとめている。続いて，各道路管理者による点検要領に基づくメンテナンスサイクルの運用に関し，道路を各分類に区分する方法，管理基準の設定，使用目標年数の設定，点検計画の策定，点検や

診断の方法，措置の考え方，記録の方法，そして舗装マネジメントとしての取組自体の改善に至る各事項に関して，基本的な考え方や枠組みを中心としてとりまとめている。また，各道路管理者が管内の道路の舗装を対象としたメンテナンスサイクルが適切に構築できるよう，可能な限り実施例を付録としてとりまとめることで，メンテナンスサイクル構築のイメージができるよう配慮した。

　本書の具体的な構成は次のとおりである。「第2章　点検要領に基づくメンテナンスサイクルと舗装マネジメント」では，点検要領のポイント，舗装マネジメントの考え方，舗装マネジメントとしての点検要領に基づくメンテナンスサイクルの構築・運用のポイントを概説している。「第3章　管理計画」では，点検要領に基づくメンテナンスサイクルの構築にあたり，道路の分類，管理基準の設定，ネットワークレベルの点検計画の立案等の方法や考え方を示している。また，点検結果の活用やメンテナンスサイクルの運用を通じた事後評価および具体的な改善事項についても示している。「第4章　分類Bのアスファルト舗装のメンテナンスサイクル」から「第6章　コンクリート舗装のメンテナンスサイクル」では，各分類に区分された道路を対象に，アスファルト舗装とコンクリート舗装に分けて，具体的な点検，診断，措置および記録の方法を記述しており，個々の区間で実際にメンテナンスサイクルを運用する場面での活用を想定している。

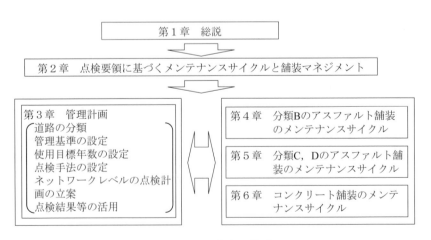

図－1.3.2　本書の構成

1－4　適用上の留意点

　本書は，舗装マネジメントとして点検要領に基づくメンテナンスサイクルを運用する上で，取組の考え方や，点検，診断，措置および記録からなるメンテナンスサイクルにおける基本的な考え方を示したものである。したがって，本書の適用に当たっては，字句にとらわれることなく，その意図するところを的確に把握し，各道路管理者の管理実態等にあった適切なメンテナンスサイクルを運用することが重要である。

　また，高規格幹線道路や国が直接管理する道路（以下，「直轄国道」という）と異なり，地方公共団体が管理する道路は幹線道路から生活道路まで，多様な役割や性格を有する道路であり，延長も長い。よって具体的な点検手法等については全ての道路管理者にとって参考になるものであるが，本書は，地方公共団体が管理する道路における適用を主として想定している。

　なお，点検要領においては，措置として補修と修繕が位置付けられている。このうち，補修についてはシール材注入工法や表面処理工法，切削工法など現状の舗装の機能を維持するための行為であり，関連する技術図書においては「維持」に該当するものであるが，本書では点検要領に従い「補修」として取り扱う。同じく，点検要領においては，管理基準の指標の一つとしてわだち掘れ量が例示されており，本書でも同様に表記するが，近年の関連図書では「わだち掘れ深さ」に該当するものである。

【参考文献】

1）国土交通省：平成 26 年度国土交通白書，2015.6
2）社会資本整備審議会道路分科会：道路の老朽化対策の本格実施に関する提言，2014.4
3）社会資本整備審議会道路分科会道路技術小委員会：これからの舗装マネジメント，第 6 回小委員会資料，資料 3-2，2016.9，
　　http://www.mlit.go.jp/policy/shingikai/road01_sg_000312.html

第2章　点検要領に基づくメンテナンスサイクルと舗装マネジメント

2－1　点検要領の主なポイント

　道路構造物の適切な管理に向けた基本的な考え方等については，平成25年に社会資本整備審議会道路分科会道路メンテナンス技術小委員会にて「道路のメンテナンスサイクルの構築に向けて」としてとりまとめられている。管理の基本的な考え方については，安全・安心等を確保するため，点検，診断，措置および記録，そして次の点検という業務サイクルを通して，長寿命化計画等の内容を充実し，予防的な保全を進めるメンテナンスサイクル（図-2.1.1）の構築を図るべきとされている。

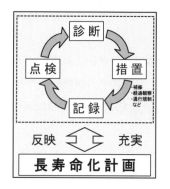

図－2.1.1　メンテナンスサイクル

　その後の舗装に関しての点検要領の策定経緯は，「1－2　点検要領の策定経緯」に記述したとおりであるが，点検要領は，効率的な修繕の実施を目的とした舗装の点検に関して基本的な事項等について定められたものであり，規定の内容は図-2.1.1の点検，診断，措置および記録からなるメンテナンスサイクル中の

各事項に及ぶものである。

　点検要領の主なポイントは，以下のとおりである。

２－１－１　路盤の健全性の確保を通じた長寿命化

　点検要領は，表層や基層（中間層がある場合はそれを含む。以下，「表層等」という）の適時修繕による路盤以下の層の保護等を通じ，長寿命化に向けた舗装の効率的な修繕を目的とした舗装の点検に関する基本的な内容を定めたものである。よって，路盤の構造的な健全性が失われないよう表層等を適時修繕すること，また路盤の構造的な健全性が失われている場合は，路盤を含めた修繕を行うことが求められる。

　このように，点検要領に基づく取組は，表層等より下に位置する路盤を健全な状態に保つことを主眼としているが，路盤は基層より下に位置しているため，点検時は直接その状態を確認することはできない。点検において主として確認できる対象は路面となることから，点検時においては路面の損傷状況から路盤の構造的な健全性の状態を推定することとなる。

　その際，舗装の損傷には，路面または表層等内に損傷の原因があり，路面から基層までの間に損傷がとどまるもの（路面損傷），路盤またはその下が原因で路面に損傷が生じている場合，あるいは路面や表層等の損傷が進行して路盤以下の層に損傷が生じている場合で，舗装の構造的な健全性が低下しており耐久性に影響を及ぼしているもの（構造損傷）があることに留意する必要がある。この損傷の種類を踏まえ，点検要領では「損傷の進行が早い道路等」のアスファルト舗装について路面の管理基準の対象とする基本的な指標が示されている。措置の段階では，路面損傷の場合は表層等の適時修繕やひび割れ部へのシール材注入などの補修を，構造損傷の場合は詳細調査を実施し，路盤以下の層の健全性を確認した上で路盤を含めた舗装の打換え等の適切な措置を求めている。構造損傷に関しては，積雪寒冷地域における路床土の凍結・融解に起因するものも存在することに留意する必要がある。

　また，舗装は，環境への負荷の軽減を考慮に入れつつ，安全かつ円滑な交通を確保することが求められる。そのため，舗装が具備すべき性能としては，構造的

-9-

な健全性のほか，機能的な健全性があり，それらは道路の役割や性格などに応じて具体的な性能として設定されるものとなる。機能的な健全性の確保に関する性能の例としては，快適な高速走行を可能にする観点からの路面下へ雨水を浸透させる性能や，沿道環境への配慮の観点からの騒音低減に関する性能などがあげられる。

　点検要領に基づく取組は，路盤を健全な状態に保つという構造的な健全性の確保を主眼とした取組となるが，道路によっては上記のとおり機能的な健全性の確保の上から管理基準の設定を追加することも考えられる。その場合は，追加した管理基準についても点検要領に基づくメンテナンスサイクルに組み込んで取り組む，または追加した管理基準についてはその指標に関する劣化特性等に応じて独自にメンテナンスサイクルを構築するなどの対応をとるとよい。なお，点検要領においても，舗装の修繕には構造的な健全性の回復を目的としたものや，走行性，快適性といった機能的な健全性の回復を目的としたものがあり，それらの修繕の間隔を伸ばすことが舗装の長寿命化につながるとされている。

２－１－２　道路の特性等に応じた効率的な管理

　点検要領に基づく取組では，道路の役割や性格，修繕実施の効率性，ストック量，管理体制等の観点から，道路を分類Ａ～Ｄに区分した上でメンテナンスサイクルを構築することとなる。道路の分類のイメージは，**表-2.1.1**に示すとおりである。損傷の進行が早いか緩やかかで大別し，前者については修繕サイクルが比較的短いため，一定の頻度での点検およびきめ細かな措置（補修）を通じ，表層等が有する路盤以下の層を保護する機能を維持して長寿命化に誘導する。また，早期に劣化が進行するなど路盤の構造的な健全性が疑われる場合については，詳細調査を実施した上で路盤の構造的な健全性の回復等の適切な措置を講ずる。後者については修繕サイクルが比較的長いため，表層等の適時修繕による路盤以下の層の保護を行うべく，路面の状態が管理基準に到達した段階で前述の表層等の機能が失われたものと判断し，切削オーバーレイを中心とした措置（修繕）をする。

　なお，「損傷の進行が早い道路等」の分類において，高規格幹線道路等につい

ては，高速走行等を求められるサービス水準を考慮し，点検，診断，措置および記録の各段階において，道路の特性に応じた手法を用いることができる分類Aとされている。また，「損傷の進行が緩やかな道路等」の分類において，生活道路等については，損傷の進行が極めて遅く占用工事等の影響がなければ長寿命が期待されるため，点検，診断，措置および記録からなるメンテナンスサイクルによらず，巡視の機会を通じた路面の損傷の把握および措置，記録による管理とすることができる分類Dとされている。

表－2.1.1　道路の分類のイメージ

大分類	小分類	分類	主な道路※ （イメージ）
	高規格幹線道路　等 （高速走行など求められるサービス水準が高い道路）	A	高速道路
損傷の進行が早い道路　等 （例えば大型車交通量が多い道路）		B	政令市・一般市道／補助国道・県道／直轄国道／市町村道
損傷の進行が緩やかな道路　等 （例えば大型車交通量が少ない道路）		C	
	生活道路　等 （損傷の進行が極めて遅く、占用工事等の影響が無ければ長寿命）	D	

※分類毎の道路選定は各道路管理者が決定（あくまでもイメージであり，例えば，市町村道であっても，道路管理者の判断により分類Bに区分しても差し支えない）

２－１－３　目標設定を通じた長寿命化

　点検要領において，点検の基本的な考え方は，舗装種別ごとの材料・構造特性を考慮し，それぞれに応じて必要な情報を得ることにあるとされている。具体的には，材料・構造が異なり劣化進行の特性が異なるため，高い路面性能が確保できるが使用材料の特性等に起因して劣化の進行速度のバラつきが大きいアスファルト舗装と，目地部が構造的な弱点ではあるものの極めて長期間供用し続けることが期待できるコンクリート舗装に分けて，点検手法等が示されている。これは，それぞれの舗装種別における長寿命化・LCCの削減に向けて，点検時の着目点，

メンテナンスサイクルの構築にあたっての考え方が異なるためである。

アスファルト舗装は，管理基準を設定して点検等を実施することが規定されている。また，劣化の進行のバラつきが大きいため，早期に劣化する区間に対しては，路盤の構造的な健全性を確認した上で早期劣化の原因に対応した措置を求めている。そのため，「損傷の進行が早い道路等」においては，早期に劣化したか否かの判断材料として，表層の供用年数の目標となる使用目標年数の設定が規定されている。表層の供用年数が使用目標年数に到達する以前に管理基準に到達して修繕を要することとなる区間は，早期に劣化が進行している区間と判断することとなる。また，管理基準に到達する以前，つまり修繕という措置まで必要でない区間においても，その時点の路面の状態から，今後，表層の供用年数が使用目標年数に到達する以前に管理基準に到達することが想定される場合は，路盤以下の層の保護の観点から，ひび割れ部へのシール材の注入など使用目標年数を意識した措置（補修）を講ずることを求めている。

コンクリート舗装については，構造的に高い耐久性が期待されるため，その性能を最大限に発揮させるため，構造的な弱点部と考えられる目地部を中心に点検することが規定されている。目地部等の状態に応じた点検，診断となるため，コンクリート舗装については管理基準の設定は規定されていない。

なお，舗装種別ごとの点検要領の規定は**表-2.1.2**のとおり整理される。

表－2.1.2 点検要領における規定

■ アスファルト舗装

基本的事項	損傷の進行が早い道路 等		損傷の進行が緩やかな道路 等	
	分類B	分類A	分類C	分類D
	・大型車交通量が多い道路、舗装が早期劣化すると道路管理者が同様の管理とすべきと判断した道路	・高速走行など求められるサービス水準が高い道路	・大型車交通量が少ない道路、舗装の劣化が緩やかと道路管理者が同様の管理とすべきと判断した道路	・生活道路等
点検頻度	・5年に1回程度以上の頻度を目安として、道路管理者が適切に設定	・高速走行など求められるサービス水準を考慮し、点検・診断・措置・記録の各段階において道路の特性に応じた手法を用いることができる。	・道路の総延長を考慮し、更新時期など適切に点検計画を策定	・巡視の機会を通じた路面の損傷の把握及び措置・記録により、損傷の把握や簡易な措置とすることができる。
点検方法	・目視又は機器を用いた手法など適切な手法により、舗装の状態等を把握		・目視又は機器を用いた手法など適切な手法により、舗装の状態を把握	
診断方法	・道路管理者が設定した管理基準に照らし、点検で得られた情報（ひび割れ率、わだち掘れ量、IRIなど）により、適切に診断		・道路管理者が設定した管理基準に照らし、点検で得られた情報により、適切に診断	
使用目標年数	・道路管理者が適切に設定		—	

□ コンクリート舗装

基本的事項	損傷の進行が早い道路 等		損傷の進行が緩やかな道路 等	
	分類B	分類A	分類C	分類D
	・大型車交通量が多い道路、舗装が早期劣化すると道路管理者が同様の管理とすべきと判断した道路	・高速走行など求められるサービス水準が高い道路	・大型車交通量が少ない道路、舗装の劣化が緩やかと道路管理者が同様の管理とすべきと判断した道路	・生活道路等
点検頻度	・5年に1回程度以上の頻度を目安として道路管理者が適切に設定	・高速走行など求められるサービス水準を考慮し、点検・診断・措置・記録の各段階において道路の特性に応じた手法を用いることができる。	・更新時期や地域特性等に応じて道路管理者が適切に設定	・巡視の機会を通じた路面の損傷の把握及び措置・記録により、損傷の把握や簡易な措置とすることができる。
点検方法	・目視又は機器を用いた手法など適切な手法により、目地部やひび割れの状態を把握		・目視又は機器を用いた手法により、目地部やひび割れの状態を把握	
診断方法	・点検で得られた情報により、適切に診断		・点検で得られた情報により、適切に診断	
使用目標年数	—		—	

-13-

2-2 点検要領に基づくメンテナンスサイクルの構築

　点検要領に基づく取組では，前節で示したとおり，管内の道路を分類し，アスファルト舗装においては管理基準を設定し，さらに「損傷の進行が早い道路等」におけるアスファルト舗装においては使用目標年数を設定したうえで，舗装種別を考慮して点検，診断，措置および記録からなるメンテナンスサイクルの構築に取り組むこととなる。点検要領に基づくメンテナンスサイクル構築のフローを図-2.2.1に示す。

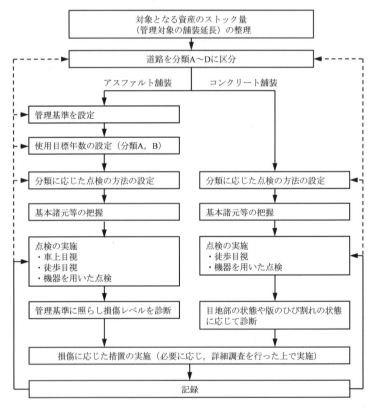

図-2.2.1　点検要領に基づくメンテナンスサイクル構築のフロー

2-3 舗装マネジメントとしての取組

舗装は社会インフラの資産の一つである。そのため，点検要領に基づくメンテナンスサイクルの構築に先立ち，資産（アセット）を対象としたアセットマネジメントの概念を理解する必要がある。

アセットマネジメントに対する関心は国際的にも高まっており，平成26年1月には国際標準機構（ISO, International Organization for Standardization）にて，アセットマネジメントの国際規格であるISO55000シリーズ[1]が発行された。ISO55000シリーズでは，アセットマネジメントの概要，要求事項が規定され，その要求事項を満たすためのガイドラインが示されている。

アセットマネジメントのサイクルは，図-2.3.1に示すとおり，階層的な構造を示している[2]。図中の小さいサイクルほど短い期間で回転するサイクルとなる。例えば，最も外側のサイクル（構想レベル）では，組織の目標や目的の達成を見据え，長期的な視点からインフラ資産群の補修・修繕のシナリオやそのための予算水準を設定，中位のサイクル（戦略レベル）では，新たに得られたモニタリング結果等に基づいて，例えば将来5年程度の中期的な予算計画や補修・修繕計画

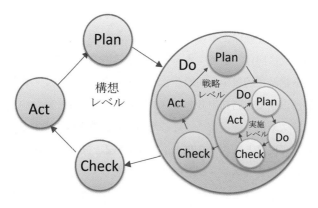

図-2.3.1　マネジメントのサイクル[2] より作成

を立案，最も内側のサイクル（実施レベル）は，各年度の補修・修繕予算の下で該当箇所に優先順位を付け，補修・修繕事業を実施することとなる。いずれの階層においても，計画を策定し（Plan）実行する（Do）とともに，その成果をとりまとめて検証し（Check），次のサイクルに活かす（Act），という PDCA（Plan-Do-Check-Act）サイクルで成り立っている。

ISO55000 シリーズの詳細な解説は専門図書に委ねるが，経営レベルの者から実務担当者まで組織内で目標を共有すること，それぞれの階層における PDCA サイクルを通じて組織の目標達成に向けて継続的改善を行っていくことが重要となる[3]。

なお，ISO55000 シリーズは，アセットマネジメントやアセットマネジメントシステムに関する国際標準であり，具体的なメンテナンス技術やマネジメント技術を規定しているわけではない。それぞれの組織において，実行可能な手法を用いたアセットマネジメントシステムを構築し，組織の中で共有された目標の達成に近づいているか，という観点でのチェック機構が組み込まれているかが重要である。

このアセットマネジメントの対象資産を舗装としたものが舗装マネジメントとなる。舗装の構造の原則については「舗装の構造に関する技術基準」（平成13年6月29日付け国土交通省都市・地域整備局長，道路局長通達）に示されている。この原則を踏まえると，舗装の目的は，環境への負荷の軽減を考慮に入れつつ，安全かつ円滑な交通を確保することにあるといえる。

この目的の達成に向け，舗装マネジメントを舗装の管理に関する単なる業務の合理化やコスト縮減に帰着する問題としてとらえるのではなく，体制面，予算面など様々な制約の中で道路利用者および納税者からの信頼を得つつ，長期的かつ持続的にサービス水準を確保しつづけるための舗装の管理に関する一連の業務プロセスの改善，再構築ととらえる視点が重要である。そして，舗装マネジメントを支える仕組みが舗装マネジメントシステムとなる。

舗装マネジメントシステムには，ネットワークレベルとプロジェクトレベルの2つが存在する[4]。ネットワークレベルでは，道路を網（ネットワーク）として

とらえ，すべての区間を対象としてどの区間がいつ管理基準以下になるのかを把握すること，およびその管理基準の設定レベルに応じ LCC を見据えて全体の最小費用を求めることになる。一方，プロジェクトレベルでは，ネットワークレベルで補修・修繕が必要とされた区間に対し，既設舗装の評価，設計および採用すべき工法等についての技術的な判断を個別に行い，当該区間で LCC が最小となるように補修あるいは修繕の実施計画を立案して実施する[5]。これらの実施結果は記録され，ネットワークレベルの舗装マネジメントシステムに反映されることになる。

図-2.2.1 に示す点検要領に基づくメンテナンスサイクル構築のフローのうち，道路の分類，管理基準の設定および使用目標年数の設定は，舗装マネジメントシステムにおけるネットワークレベルの取組に該当する。個々の区間の点検，診断，措置および記録からなるメンテナンスサイクルについては，舗装マネジメントシステムにおけるプロジェクトレベルの取組に該当する。なお，手法によっては点検をまとまった一連の区間に対して一度に実施していく場合もある。そのような場合は，個々の区間に着目するとプロジェクトレベルの取組となるが，一連の区間に着目する場合は，ネットワークレベルの取組と考えることができる。また，プロジェクトレベルの取組の結果は，点検および診断結果の集計，およびそれに基づく補修・修繕計画や予算計画の立案，点検から措置の各段階の記録や措置後の供用性の把握をもとにした道路の分類，管理基準および使用目標年数の見直し（**図-2.2.1** における点線箇所）など，ネットワークレベルの取組において共有され，ネットワークレベル自体の取組へ反映されるものとなる。

この点検要領に基づくメンテナンスサイクルに関し，前述のアセットマネジメントの階層的なサイクル（**図-2.3.1**）を踏まえて各階層の取組を具体化して示した全体像を**図-2.3.2** に示す。

図-2.3.2 の舗装マネジメントの全体像においては，前述した舗装の目的を意識し，「長寿命化に向けた効率的な修繕の実施」という組織の目標を組織全体で共有し，その目標の到達に向け組織が一体となって取り組むことが必要である。特に，PDCA における CA（Check-Act）については，各層における取組におい

-17-

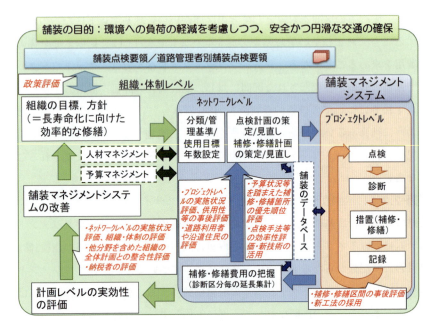

図−2.3.2　舗装マネジメントの全体像

て着実に取り組むことが必要である。

このCA（Check-Act）に関し，点検要領に基づくメンテナンスサイクルに該当するプロジェクトレベルでは，各区間の損傷状態に応じた措置の事後評価に基づく今後の補修・修繕工法選定への反映が必要となる。ネットワークレベルでは，診断結果に基づいた補修・修繕計画，予算計画への反映とその実行，道路の分類や管理基準等の見直し，プロジェクトレベルの実施状況に応じた点検計画の見直し等が必要となる。組織・体制レベルでは，ネットワークレベルの取組が組織内で有効に機能しているか，点検要領をもとに各道路管理者で独自に策定した舗装点検要領は前述の目的に照らして適切か，さらには点検要領自体も政策評価を通じて見直しの対象となるものである。

この舗装マネジメントの全体像を理解したうえで，点検要領に基づくメンテナンスサイクルの構築に取り組む必要がある。次章以降では，点検要領に基づく個々の取組についてその考え方，取組の進め方を中心に記述していくが，図-2.3.2

に示す組織の目標，舗装マネジメントの全体像での個々の取組の位置付けをそれぞれの担当者が認識し，所掌している実務に関して適切に事後評価を実施し，実務自体や舗装マネジメントシステムの継続的改善を図っていくことが重要である。

【参考文献】

1）ISO55001 要求事項の解説編集委員会編：ISO55001：2014 アセットマネジメントシステム　要求事項の解説，日本規格協会，2015.3

2）小林潔司，田村敬一，藤木修：国際標準型　アセットマネジメントの方法，日刊建設工業新聞社，2016.8

3）久保和幸，渡邉一弘，藤原栄吾：舗装マネジメントシステムの実用性向上に関する研究，平成 26 年度土木研究所成果報告書，2014

4）秋葉正一：舗装の点検要領とマネジメント，舗装，Vol. 52，No. 1，pp. 3-4，2017

5）（公社）日本道路協会：舗装の維持修繕ガイドブック 2013，丸善出版，2013.11

第3章　管理計画

3－1　道路の分類

　道路の分類の目的は，舗装の効率的な管理の実現であり，損傷の進行が早いか緩やかかによって，点検頻度等の規定内容が異なっている。本書の主たる対象は，地方公共団体が管理する道路における舗装マネジメントであり，損傷の進行が早い道路は分類B，損傷の進行が緩やかな道路は分類C，Dに区分することが基本となる（**表-2.1.1**参照）。

　管内の道路網を俯瞰した上で分類B～Dに区分することとなるが，その際に点検要領の規定に関して考慮すべき事項は以下のとおりである。なお，分類Dの区分の道路においては，計画的な点検等によらず，巡視の機会を通じた路面の損傷の把握および措置・記録による管理とすることができるとされている。

　① 点検頻度

　　分類Bの道路は，5年に1回程度以上の頻度を目安として点検を実施することとなる。分類C，Dは，点検頻度に関する具体的な規定はなく，計画的に対象路線を網羅していくこととなる。

　② 管理基準

　　アスファルト舗装に対しては，管理基準を設定した上で，点検および診断することとなる。管理基準について，分類Bにおいては，ひび割れ率，わだち掘れ量およびIRI（国際ラフネス指標）の3指標を使用することを基本とし，合わせてその他指標や，複合指標（MCI（維持管理指数）など）を用いることは構わないとされている。分類C，Dにおいては，上記によらず，例えばひび割れ率のみなど，道路の損傷特性等に応じて適切に設定することとなる。

　　なお，コンクリート舗装においては，目地部を中心に損傷状況を直接的に点検・診断していくこととなり，管理基準の設定は規定されていない。

-20-

③ 使用目標年数

　分類Bのアスファルト舗装については，表層の供用年数の目標とする使用目標年数を設定することとなる。分類C，Dのアスファルト舗装は損傷の進行が緩やかであるため，また，全ての分類のコンクリート舗装は，その高い耐久性能を最大限に発揮させることを目的としているため，使用目標年数の設定は求められていない。

　以上の事項を考慮して分類していくこととなるが，分類にあたっては，対象となる舗装のストック量を整理する必要がある。その際，道路の役割や性格など道路の特性に応じて整理していくことが効率的であり，例えば**表-3.1.1**に示す項目を踏まえ，道路を分類して舗装のストック量を整理することが望ましい。

表-3.1.1　整理項目例

整理項目	内容
道路種別	・補助国道 ・県道（主要，一般） ・市道（1級，2級，その他）
損傷の進行速度	・損傷の進行が早い道路，緩やかな道路
交通量	・道路交通センサスによる24時間交通量 ・大型車交通量（1,000台/日・方向以上） 　（道路交通センサスが無い場合は，多・中・少等の区分）
地域で重要な道路	・緊急輸送道路 ・バス路線 ・沿道状況 ・その他（地域特性等）
その他	・住民要望が多い道路

　想定上の事例であるが，実際に分類するときの参考として「**付録-1　道路の分類の例**」を示す。なお，既往の点検等のデータがある場合は，それらは点検要領に基づくメンテナンスサイクル上で有効に活用できるものとなる。よって，これ

-21-

までどの路線で点検を行ってきたかなど，これまでの管理実績を考慮して分類していくとよい。

3－2　管理基準の設定

アスファルト舗装に対しては，修繕を行う目安となる管理基準を設定した上で，点検および診断することとなる。

3－2－1　分類Bにおける設定

点検要領では，ひび割れ率，わだち掘れ量，IRIの3指標を使用することを基本とし，これらと合わせて，その他指標や複合指標を用いることは構わないとされている。なお，基本とする3指標は，損傷の内容を直接的に説明する単独指標である一方，複合指標は，複数の管理指標の値を一定の換算式等により総合化して舗装の状態を評価する指標である。複合指標は，舗装の状態を一つの指標により評価することが可能であるため，ネットワークレベルでの舗装の状態の評価や，補修・修繕の優先順位等を検討する際に有用であるものの，損傷の内容との関係は不明確である特徴を有していることに留意する。

上記の3指標を基本として管理基準を設定することとなるが，「2－1－1路盤の健全性の確保を通じた長寿命化」で示したとおり，道路によっては，その役割や性格に応じて，機能的な健全性の確保から設定する管理基準を検討してもよい。管理基準の概念や，基本とする3指標に関する技術的知見について「**付録-2　管理基準の概念**」および「**付録-3　管理基準値の設定に関する技術的知見**」に示す。

管理基準値については，これまでの管理実績や技術的な知見等を踏まえて設定すればよいが，点検要領に設定事例が以下のとおり示されている。

（1）ひび割れ率　20～40%

（2）わだち掘れ量　20～40mm

（3）IRI　8mm/m

3-2-2　分類C,Dにおける設定

　点検要領では，分類Bのように管理基準の対象として基本的に設定する指標は示されておらず，各道路管理者が道路の特性等に応じて適切に設定することとされている。管理する道路の舗装の主要な損傷形態を示す指標を管理基準の対象とすることが望ましい。

　管理基準値については，分類Bと同様にこれまでの管理実績や技術的な知見等を踏まえて設定すればよいが，点検要領に設定事例が以下のとおり示されている。

（1）ひび割れ率　　20 ～ 40%

（2）わだち掘れ量　　20 ～ 40mm

3-3　使用目標年数の設定

　使用目標年数とは，アスファルト舗装の「損傷の進行が早い道路等」である分類Bにおいて，各道路管理者が表層を使い続ける目標期間として設定する年数のことである。使用目標年数は，管内全体で一律に設定する場合もあれば，道路種別や交通量，地域条件等に応じて設定する場合もあり，道路管理者が適宜設定する。

　「2-1-3　目標設定を通じた長寿命化」で示したとおり，使用目標年数の設定を通じ，表層の供用年数が使用目標年数に到達するような措置（補修）を求めていること，また，表層の供用年数が使用目標年数に到達せずに路面の状態が管理基準を超過するという早期劣化区間については，路盤の構造的な健全性を確認する詳細調査を通じた適切な措置（修繕）を求めていることを意識しておく必要がある。

3-3-1　管理データをもとにした設定の考え方

　使用目標年数は，これまでの管理実績や修繕間隔や舗装の劣化状況等を踏まえて設定することが望ましい。舗装の劣化状況を踏まえて設定する場合には，管理

基準に設定した指標のうち，どの指標を用いて使用目標年数を設定するか検討する必要がある。一般的にはもっとも劣化進行の早い指標を用いて使用目標年数を設定することとなる。

補修履歴や点検結果を用いて設定する事例を「**付録-4　使用目標年数の設定事例**」に示す。

3－3－2　管理データがない場合の設定の考え方

これまでの管理実績や補修履歴，舗装点検のデータの蓄積がない場合には，舗装の設計期間，過去の補修量や予算，他の道路管理者の設定値等を参考に設定することが望ましい。

（1）舗装の設計期間を参考とする場合

舗装の設計に際し，基本的な目標として設定される条件の一つに設計期間がある。そのため，使用目標年数として当該道路の舗装の設計期間を参考に設定する方法がある。

たとえば，平成13年に舗装の構造に関する技術基準が性能規定化される以前は，アスファルト舗装の設計期間は一律の10年であり，これを参考に使用目標年数も同じ10年と設定する考え方がある。

（2）修繕実績を参考とする場合

分類Bで設定した道路において，最近実施している修繕区間の延長と分類Bの総管理延長を比較し，分類Bのすべての道路を修繕するまでにかかる年数を参考に設定する方法がある。

たとえば，管理延長を年間修繕延長で除算し更新年数を算定し，目標使用年数を設定する考え方や，近年の修繕工事における，平均的な修繕間隔をもとに設定する考え方がある。

（3）他の道路管理者の例を参考とする場合

管理している道路延長が同規模な道路管理者など，類似の道路管理者の取組における設定例を参考とする考え方がある。

3－4　点検手法の設定

　使用目標年数の設定に続いて，採用する点検手法を設定しておく必要がある。点検要領においては，点検手法は，目視または機器を用いた手法など，道路管理者が設定する適切な手法とされている。アスファルト舗装においては，設定した管理基準に照らし，損傷レベルが小・中・大の3区分に分けられるような点検手法が，コンクリート舗装においては，目地部での目地材の充填状況や角欠けの有無，コンクリート版に入ったひび割れの状態から，損傷レベルが小・中・大の3区分に分けられるような点検手法が求められる。

3－4－1　具体的な手法

　具体的には，アスファルト舗装においては，巡視の機会等を通じた車上あるいは徒歩による目視や，路面性状測定車を用いた方法，その他の機器を用いた調査による方法が，コンクリート舗装においては，徒歩巡視による直接目視により目地部や版のひび割れの状態を確認する方法が基本と考えられるが，「第4章　分類Bのアスファルト舗装のメンテナンスサイクル」以降に記述する点検手法の内容を参照しながら点検手法を設定することが望ましい。

3－4－2　留意事項

　点検手法の設定に関しては，点検頻度や管理基準が異なることや，上記のとおり舗装種別ごとに点検の着眼点が異なることから，点検対象となる道路の全てに対して一律の手法を設定することなく，道路の分類ごとに設定することや，舗装種別ごとに設定することも考えられる。また，これまでの点検実績がある場合は，その経験を踏まえて点検手法を設定してもよい。

　なお，損傷レベル小・中・大の3区分以上に細分化した区分を設定した点検手法や，定量的な調査結果が得られるような点検手法を用いた場合には，点検要領に基づく損傷レベルの把握はもとより，路線・区間ごとの損傷の進行特性の詳細な分析など，幅広い活用が可能となる。

　また，点検関係の技術開発が多方面で進められており，点検技術の開発動向の

情報も収集し，点検が合理化できる手法と判断される場合は積極的な採用を検討することが望ましい。その際は，従来手法による点検結果と新技術を活用した手法による点検結果の整合性を確認しておくとよい。

3－5　ネットワークレベルの点検計画の立案

メンテナンスサイクルの構築，運用に向け，管内の道路の点検の実施順序などを定めた年次計画として点検計画を立案する。よって，点検計画を立案するためには，点検頻度の設定が必要となる。

3－5－1　点検頻度の設定

点検要領において，点検頻度に関しては，分類Bの道路は5年に1回程度以上の頻度を目安として点検を実施，分類C，Dの道路は具体的な頻度はなく，計画的に対象道路が網羅できるように点検を実施することとされている。

よって，分類Bの道路においては，5年に1回程度以上の頻度となるように点検頻度を設定する。その際，これまでに点検実績がある場合は，実際の損傷の進行速度を考慮して設定することが望ましい。また，路線や区域によって損傷の進行速度や道路の役割や性格に差異がある場合などは，路線や区域ごとに点検頻度を設定してもよい。

分類C，Dの道路は対象路線（またはエリア）を計画的に一巡となるような点検順序を設定する。その際，点検頻度が低く，点検間隔が長期となる場合は，巡視の機会等で得た情報により補完することが望ましい。なお，分類Dの道路については，巡視の機会を通じた路面の損傷の把握および措置・記録による管理とすることができる。

3－5－2　点検計画の立案

点検計画は，「3－1　道路の分類」から「3－4　点検手法の設定」の各事項をとりまとめ，また，点検頻度に関しては「3－5－1　点検頻度の設定」で設定した内容を踏まえ，点検の年次計画として立案する。

なお，分類Bでは，5年に1回の点検頻度とした場合，管理路線を5分割し毎年1／5ずつ点検を実施するなど複数年で点検を実施する計画を策定する方法と，分類Bの管理路線を全線5年に1回点検を実施する計画を策定する方法がある。前者は，点検費用の平準化が可能となるが，ある時点で損傷状況をネットワークレベルで評価するためには点検時期の差異を考慮する必要がある。一方，後者は，ネットワークレベルの舗装の状態を同一時点で評価することが可能であり，今後5年間での補修・修繕の計画の立案等が容易となるが，点検費用は平準化されないことに留意する。

点検計画では，各年次における点検路線（またはエリア）を設定するなど，地図上に点検計画を表現することが望ましい。想定上の事例であるが，点検計画の事例を「**付録-5　点検計画の立案事例**」に示す。

なお，点検計画の立案にあたり，点検計画に沿って現場で点検，診断，措置および記録からなるメンテナンスサイクルが運用可能かあらかじめ検証しておくことが必要である。実現可能性の観点から，必要に応じて分類の見直しや管理基準の見直し，点検手法の見直しを含めて点検計画の見直しを行うことが望ましい。

点検計画立案後は，計画に沿って実際に現場で点検，診断，措置，および記録のメンテナンスサイクルを運用する段階となる。具体的な方法については，「**第4章　分類Bのアスファルト舗装のメンテナンスサイクル**」以降を参照する。

3－6　点検結果等の活用

メンテナンスサイクルの運用を通じ，ネットワークレベルでの補修・修繕計画を立案して今後の予算の見通しを把握していくこととなる。また，メンテナンスサイクル自体が適切に機能しているか，舗装の長寿命化が図られているかの観点に基づく事後評価と継続的な改善を実施していくことで，舗装マネジメントを実践することができる。

3－6－1　補修・修繕計画の立案

メンテナンスサイクルを構築・運用することにより，ネットワークレベルで診

断区分（「第4章　分類Bのアスファルト舗装のメンテナンスサイクル」以降を参照）ごとに措置が必要な延長を把握することができる。これより，必要な補修・修繕の事業量を把握し，必要な予算を合理的に積み上げることが可能となる。また，予算制約がある中では，補修・修繕が必要な区間に優先順位をつけて対応していくこととなる。このように，必要な補修・修繕の事業量への対応方針をとりまとめることが補修・修繕計画の立案である。補修・修繕計画の立案事例を「**付録-6　補修・修繕計画の立案事例**」に示す。

　なお，補修・修繕計画については，公開することにより道路ユーザや住民，納税者の舗装管理への理解が深まることが期待される。また，メンテナンスサイクルの運用による点検および診断結果の蓄積を通じ，舗装の損傷進行の予測ができるようになり，中長期的な予算の見通しの把握も可能となる（「**付録-7　補修・修繕計画の公開や検証**」参照）。

３－６－２　事後評価と継続的な改善

　舗装マネジメントとして点検要領に基づくメンテナンスサイクルを運用するにあたり，**図-2.3.2**で示した各階層の取組において，PDCAのCA（Check-Act）にあたる事後評価と継続的な改善を着実に行っていく必要がある。

（１）プロジェクトレベル

　プロジェクトレベルでの事後評価と継続的な改善において検討する事項としては，点検手法や措置の内容の見直し等があげられる。

　具体的には，個々の区間において実際に行った措置の効果について事後評価を行い，効果が認められた工法については同様な供用条件下にある区間に積極的に採用し，反対に，効果が十分に発揮されなかった場合は，その原因について検証を行い，当該措置の適用条件等を再整理して採用工法の見直しを行う。また，新たな補修・修繕工法や，他の道路管理者で効果が認められている工法など，有効と思われる工法について情報を収集・整理し，採用を検討していくことも継続的な改善に該当する。

　その他，点検，診断や記録の各段階においても，効率的な点検の実施に向けた点検手法の工夫の共有や，次回のメンテナンスサイクルでの有効活用に向けた記

録様式の見直し等の改善事項があげられる。

（2）ネットワークレベル

　ネットワークレベルでの事後評価と継続的な改善は，長寿命化に向けた効率的な修繕という組織としての目標に照らし，プロジェクトレベルのメンテナンスサイクルが有効に機能しているか，という観点にたった取組となる。

　1）点検計画の見直し

　　　点検計画に関しては，プロジェクトレベルのメンテナンスサイクルの運用状況の把握を通じて点検の進捗状況を評価し，その結果に応じた点検の実施年度の見直しがあげられる。また，巡視の機会で得られた情報や，住民からの通報を契機に把握した舗装の新たな損傷状況を考慮し，点検の実施年度を入れ替えるといったことも考えられる。

　2）点検手法等の見直し

　　　点検手法については，点検結果と現地の舗装の損傷状況が一致しているか確認し，採用している点検手法は適切であったか，また，新たに開発された点検技術の活用による点検の効率化が図れないかなどの観点からの見直しがあげられる。点検頻度については，前回の診断結果に照らして損傷の進行が速くなっている状況においては，点検頻度を短くするなどの見直しがあげられる。

　3）道路の分類や管理基準，使用目標年数の見直し

　　　プロジェクトレベルのメンテナンスサイクルの運用に先立って実施した道路の分類や，設定した管理基準および使用目標年数も見直しの対象である。「3-1　道路の分類」～「3-3　使用目標年数の設定」で示した，道路の分類や管理基準，使用目標年数の設定の際の考え方を参照し，道路の役割や性格，交通特性の変化，損傷特性の変化に応じて見直すことになる。

　　①　道路の分類

　　　　道路の分類については，例えば，当初分類Cとしてメンテナンスサイクルを運用していた区間において，管理基準に到達して修繕を実施する機会に，前回の修繕からの経過期間や当該区間の前後の路面の損傷状況から損傷の進行が比較的早いと判断し，修繕後は分類Bに区分した形で点検

-29-

計画を見直し，次のメンテナンスサイクルを運用するといったことが考えられる。

② 管理基準

　管理基準については，路盤以下の層の健全性を確保するという観点に照らし，設定した管理基準が適切であったか見直すことが考えられる。また，構造的な健全性に加えて機能的な健全性の確保を踏まえて管理基準を設定している場合は，道路管理者のみならず道路利用者や沿道住民の視点での評価も考慮し，管理基準を見直すことになる。

③ 使用目標年数

　使用目標年数については，実際の修繕の間隔と使用目標年数の比較，補修の頻度等の実績を踏まえ，設定した使用目標年数が妥当であったかの観点で見直すことになる。例えば，多くの区間で表層の供用年数が使用目標年数を超過している場合は，使用目標年数を伸ばすことが考えられる。反対に，使用目標年数を長期に設定し過ぎたため，修繕区間の多くで詳細調査を実施するも，路盤の損傷事例が少ない場合や，補修措置の頻度が過多となり交通規制の面で不合理になる場合は，使用目標年数を短くすることも考えられる。

4）補修・修繕計画の見直し

　補修・修繕計画については，予算状況等を踏まえた補修・修繕箇所の優先順位の見直し，事業の平準化等の観点での見直しがあげられる。

（3）組織・体制レベル

「2-3　舗装マネジメントとしての取組」で記述したとおり，プロジェクトレベルにおけるメンテナンスサイクルを適切に運用していくためには，組織・体制レベルにおいても，ネットワークレベルの舗装マネジメントが有効に機能しているかという観点等での事後評価が求められている。さらに，組織体制面や組織全体の予算計画面等での継続的な改善が求められていることに留意しておく必要がある。

第4章　分類Bのアスファルト舗装の
メンテナンスサイクル

　舗装の点検の基本的な考え方は，舗装種別ごとの材料・構造特性を考慮し，それに応じて必要な情報を得ることにある。アスファルト舗装の場合は，使用材料の特性に起因して劣化の進行速度のバラつきが大きいほか，何らかの弱点があった場合や設計において想定している条件以外の特殊な状況がある場合等に想定より早期に破損する。そのため分類B（損傷の進行が早い道路等）のアスファルト舗装については，使用目標年数を設定し，表層を使用目標年数まで修繕することなく供用し続けるという視点で定期的に点検し，必要な措置を講ずることとなる。

　なお，アスファルト舗装の点検，診断，措置および記録の全体フローは「4－5　メンテナンスサイクルフロー」で後述する。

4－1　点検の方法

　分類Bのアスファルト舗装の点検は，「3－2　管理基準の設定」により道路管理者が適切に設定した管理基準に照らして，目視または機器を用いた適切な手法によりその健全性を診断できるよう舗装の状態を把握することにある。

4－1－1　基本諸元等の把握

　分類Bのアスファルト舗装の点検に際しては，車線・区間別に舗装の情報を可能な限り把握することが求められる。「点検要領」では，表層の供用年数，表層の供用後の補修履歴，舗装計画交通量，舗装構成，設計交通量区分などを基本諸元としているが，ここでは，**表-4.1.1**に示す点検・診断に先立ち必要な情報と，**表-4.1.2**に示すメンテナンスサイクル運用中に追加し蓄積する情報を基本諸元等として提示する。

表－4.1.1　点検・診断に先立ち必要な情報

	項目	担当者	参照箇所
1	道路の分類	道路管理者が設定	3-1
2	管理基準	道路管理者が設定	3-2
3	使用目標年数	道路管理者が設定	3-3
4	供用年数	点検・診断実施者が確認	4-1-1（1）2）
5	位置情報	道路管理者が選定	4-1-1（1）3）

表－4.1.2　メンテナンスサイクル運用中に追加し蓄積する情報

	項目	点検	診断	措置		
				工法選定	設計	施工計画
1	措置情報	○	○	○	○	○
2	点検・診断記録	○	○	○	○	－
3	道路情報	△	△	－	－	△
4	交通情報・交通履歴	△	○	○	○	－
5	舗装構成	△	○	○	○	○
6	路床条件	－	△	△	○	－
7	気象記録	－	△	－	○	－
8	沿道環境	－	－	○	△	○
9	工事情報	－	○	－	－	○
10	巡回時の損傷情報	○	○	△	△	○
11	沿道住民等の要望	○	○	△	△	○
12	その他の情報	○	○	△	△	○

○必要な情報　△参考とする情報

（1）点検・診断に先立ち必要な情報

　1）道路の分類と舗装の管理基準，使用目標年数

　　道路管理者が判断・設定した道路の分類と舗装の管理基準および使用目標
　年数を整理する。

　2）供用年数

　　当該区間の表層の新設あるいは更新時からの年数を整理する。

なお，情報が得られない場合においては，過去の道路地図，供用年数が既知の周辺の舗装との比較，過去の補修工事の記録等の情報を組み合わせて推定する。

3）位置情報

点検する区間や診断する区間を特定するための指標となる位置情報を収集する。路線名，距離標，車線区分での整理を基本に，距離標が設置されていない場合や別の情報の方が特定しやすい場合がある等を考慮して，座標（緯度経度），住所，交差点名，目印となる沿道の施設等の情報を収集する。

（2）メンテナンスサイクル運用中に追加し蓄積する情報

メンテナンスサイクルを合理化していくために，運用中に蓄積することが望ましい情報を以下に示す。

1）措置情報

補修の頻度，規模，方法，原因，履歴，および修繕履歴等を収集する。道路台帳等で新設や大規模修繕の情報が得られない場合において，既往の診断結果や定量的な路面性状データが大幅に改善されていれば，その時点で何らかの補修や修繕がなされたと判断してもよい。

2）点検・診断記録

損傷が顕在化し始めた時期，その後の経過に関する情報を蓄積する。

　　例）ひび割れ，わだち掘れ，縦断方向の凹凸等の状態とその年月日

3）道路情報

点検した区間や診断した区間の道路の構造を把握するための情報を収集する。

　　例1）幅員構成（車道，中央帯，付加車線，路肩，自転車道，歩道等）

　　例2）立地構造（切土部，盛土部，トンネル部，橋梁部）

　　例3）信号の有無

　　例4）道路の設計要素（道路構造令に基づく道路の区分と設計速度，設計車両，縦横断の線形・勾配等，排水構造物と排水経路）

4）交通情報，交通履歴

設計に照らした交通条件の確認に必要な情報を収集する。

例）舗装計画交通量区分，実際の大型車交通量（道路交通センサス等）

なお，情報がない場合は，当該箇所の舗装構造や周辺道路の情報等から推定する。

5）舗装構成

① 舗装の種類

当該箇所のアスファルト舗装の種類に関する情報を収集する。

なお，種類が不明な場合は**表-4.1.3**に示す３分類に大別するとよい。

表-4.1.3　管理するアスファルト舗装の分類

分類	舗装の種類
密粒系	密粒度，同ギャップ，細粒度アスファルト混合物等を用いた非透水タイプのアスファルト舗装
ポーラス系	排水性舗装，透水性舗装等雨水を路面下に浸透させるアスファルト舗装
半たわみ系	半たわみ性舗装，保水性舗装等，ポーラス舗装に他の硬化部材を充填したアスファルト舗装

② 舗装構造

舗装構成と厚さに関する情報を収集する。現状の舗装構造を知ることは，損傷の発生要因（損傷が材料に起因するもの，設計に起因するもの，供用による疲労に起因するものなど）を推定するために重要である。当該道路の舗装設計時のデータが残されていない場合は，同時期に構築された周囲の同様の路線の構造と同じである可能性が高いことを念頭に，上下水道やガス管等の地中埋設物工事の開削時に情報を収集する。

③ 使用材料

各構成材料の仕様情報を収集する。

6）路床条件

路床の設計支持力を設計資料から収集する。資料が残っていない場合には，舗装厚と交通量をTA法（「舗装設計便覧」参照）に代入し逆算して推定する。なお，修繕結果の記録から路床の支持力低下が懸念される場合は，路床の支持力低下の有無に関連する情報（当該地区の土質・地盤状況，地下水位およ

びその変動の可能性等）を収集する。また，情報がない場合は修繕工事の実施に際し必要に応じて再調査して整理する。

7）気象記録

気象条件に関する情報を収集する。

環境状況を設定するためには当該箇所のわだち掘れ量に影響する気温（可能であれば路面温度），摩耗量に影響する積雪量，凍上に影響する凍結深さ等を収集する。その他，必要に応じ特記すべき気象条件（特に剥離に影響する降水量が多い地域などの特徴）があれば記録する。

8）沿道環境

補修工法の選定，施工計画の策定に必要な環境や沿道条件に関する情報を収集する。

例）点検や診断した区間の人口密度や存在する施設に関する情報

9）工事情報

当該舗装を構築した工事に関する情報を収集する。施工会社名，アスファルト混合物の種類・配合や出荷プラント，路盤材等構成材料の性状・産地，施工方法，施工時期等を収集するとよい。

10）巡回時の損傷情報

巡回時に把握した損傷情報を蓄積する。

11）沿道住民等の要望

沿道住民，利用者等の要望に関する情報を蓄積する。

12）その他の情報

その他，アスファルト合材プラントの情報（位置，供給能力，リサイクル材受け入れの有無など），交通事故や交通渋滞の情報も収集しておくとよい。

4－1－2　点検手法

アスファルト舗装の点検は，舗装の補修・修繕の効率的な実施に向け，舗装の現状を把握するために必要な情報を得ることを目的としている。このため，舗装種別ごとの材料や構造特性を考慮し，それぞれに応じて適切な情報を得ることが必要である。

（1）車上目視による点検

分類Bにおける車上からの目視（以下，「車上目視」という）による点検は，路面状態が良好な場所と損傷が発生している場所を走行しながら区分することを目的としており，点検計画で立案した項目について点検を実施する。

なお，車上目視による点検でスクリーニングを行い，より詳細な点検を実施する場所を抽出した後に，徒歩による目視（以下，「徒歩目視」という）調査を実施する場合もある。車上目視による点検手法の事例を「**付録-8　車上目視による点検の例**」に示す。

（2）徒歩目視による点検

徒歩目視による点検は，車上目視での点検が困難な場合や詳細な点検が必要な場合に実施するものである。点検は，道路の分類に合わせて点検計画を立案した点検項目について点検要領に示されている写真等により舗装の損傷状態を把握する。徒歩目視による点検手法の事例を「**付録-9　アスファルト舗装の徒歩目視による点検の例**」に示す。

（3）路面性状測定車による点検

路面性状測定車による点検は，専用装置を用いた点検であるために，一般的に精度が担保された定量的なデータを収集することができる特徴がある。計測作業は，一般車両の流れに沿って実施するために一般車両への影響も少なく，交通規制も必要としないため効率的なデータの収集が可能である。ひび割れ率，わだち掘れ量，IRIを同時に計測できることが一般的であり，広範囲のデータを一度に収集するのに適している。路面性状測定車による点検手法については，「舗装調査・試験法便覧 S029，S030，S032」を参考にする。点検手法の事例を「**付録-10　路面性状測定車による点検の例**」に示す。

（4）その他の機器を用いた手法による点検

現在，舗装管理に必要となる路面性状の各指標を簡易に把握出来る舗装点検技術については，様々な技術が開発されている。路面性状の把握に関しては，道路の使用目的に応じた最適な調査技術を採用し，効率的な管理を実施する必要がある。なお，国土交通省四国地方整備局においては，各技術が持つ特徴や性能を客観的かつ定量的に示すための性能評価項目と試験方法および評価指標の設定を行

-36-

い，新技術活用システムの活用方式「テーマ設定型（技術公募）」にて，路面性状を簡易に把握可能な技術を公募し，同一条件の下における技術の特徴や性能について比較している。こうした結果等を参考にして，各種点検機器を用いた手法の特徴を理解した上で利用し，点検の効率化を図るとよい。

4－2　健全性の診断

アスファルト舗装における「診断」とは，点検で得られた情報（ひび割れ率，わだち掘れ量，IRI 等）を基に，管理基準に照らし合わせて舗装の状態を評価することを指す。

舗装が損傷している場合は，どのような要因で損傷が発生したのかを推察し，どのような措置が必要かを判断することも診断を行う上では重要である。

健全性の診断結果から，路盤以下まで損傷が達している可能性があると判断された場合は，FWD（Falling Weight Deflectmeter）たわみ量調査，コア抜き調査，開削調査などにより詳細調査を行う必要がある。

また，舗装を新設してから間もない時期に損傷が進行した場合や，修繕で切削オーバーレイを行っても早期にひび割れやわだち掘れが発生する場合は，表層等のアスファルト混合物層だけではなく，路盤層まで損傷している可能性も考えられる。そのような場合も，構造調査によりどの部分まで，どのような要因により損傷しているかを詳細に調査することが望ましい。

なお，目視では路面がアスファルト舗装であっても，下層にコンクリート版がありコンポジット舗装となっていることがある。そのような場合の点検・診断を行う時の参考として，巻末に「**付録-11　コンポジット舗装の特徴と留意点**」を示す。

4－2－1　診断者

アスファルト舗装の損傷の程度を適切に診断できる技術者とする。なお，国土交通省では，一定水準の技術力等を有する民間資格を，「国土交通省登録資格」として登録する制度を平成 26 年度より導入している。平成 30 年 2 月現在，舗装

分野の診断業務では，主任点検診断士，点検診断士，舗装診断士，RCCM
（Registered Civil Engineering Consulting Manager）（道路）の4つの資格が登
録されているので参考にされたい。

4－2－2　診断区分

点検要領では，アスファルト舗装について設定した管理基準に対して，損傷レ
ベルを3段階に分類している。アスファルト舗装の診断区分を**表-4.2.1**に，評
価項目に対する診断区分の例を**表-4.2.2**に示す。**表-4.2.2**は，管理基準をひび
割れ率40%，わだち掘れ量40mm，IRI 8mm/mと設定した場合の例である。

なお，採用する点検手法の精度や管理している道路の実情等を踏まえ，各診断
区分の閾値については各道路管理者が検討して設定するとよい。

表－4.2.1　アスファルト舗装の診断区分

区分		状態
I	健全	損傷レベル小：管理基準に照らし，劣化の程度が小さく，舗装表面が健全な状態である。
II	表層機能保持段階	損傷レベル中：管理基準に照らし，劣化の程度が中程度である。
III	修繕段階	損傷レベル大：管理基準に照らし，それを超過している，又は早期に超過することが予想される状態である。
	III－1 表層等修繕	表層の供用年数が使用目標年数を超える場合（路盤以下の層が健全であると想定される場合）
	III－2 路盤打換等	表層の供用年数が使用目標年数未満である場合（路盤以下の層が損傷していると想定される場合）

表－4.2.2　評価項目と診断区分の例

評価項目	診断区分I（健全）	診断区分II（表層機能保持段階）	診断区分III（修繕段階）
ひび割れ率（%）	0〜20程度	20〜40程度	40程度以上
わだち掘れ量（mm）	0〜20程度	20〜40程度	40程度以上
IRI（mm/m）	0〜3程度	3〜8程度	8程度以上

これらの表に示すように，路面の状態から診断区分Ⅰ〜Ⅲに区分することとなるが，管理基準値を超過することなく表層の供用年数が使用目標年数以上となるように，舗装の状態を適切に維持しつつ，より経済的に管理していくことが道路管理者には求められる。また，このような観点から，修繕段階である診断区分Ⅲについては，表層の供用年数が使用目標年数を超えて供用できたか否かで，診断区分Ⅲ－1とⅢ－2に区分される。よって，路面の状態から診断するにあたっては，舗装の状態と表層の供用年数と使用目標年数の関係，管理基準値との関係を把握しておくことが重要である。

４－２－３　診断方法

舗装の診断においては，舗装の状態は，点検で得られた情報により損傷レベルを３段階に評価する。目視による点検を行った場合は，路面の状況を直接目視しているため，あわせて損傷原因の推定や，措置方法の検討などを行うとよい。その際，「舗装点検必携」には舗装の損傷と発生原因，措置の考え方が示されているので現場に携行しておくと役立つ。一方，路面性状測定車など画像により評価する場合は，一度画像を持ち帰り，室内で判断することになる。

診断にあたっては，複数の指標による管理基準を設定している場合は，損傷レベルの大きい方の区分で当該区間の健全度を診断する。なお，その後の管理の参考になるため，それぞれの指標での診断区分も合わせて整理しておくとよい。また，診断区分に分類したときに，損傷状態と環境条件（気象条件，交通条件等）を照らし合わせ，舗装の損傷要因が推定できる場合は，措置において補修計画・修繕設計を検討する際の重要な情報として活用できるため，適宜記録しておくとよい。

診断区間は，道路の特性等に応じて道路管理者が適切に設定することとする。なお，同一の診断区分ごとに区切るように設定することで，修繕が必要な延長（診断区分Ⅲの延長）や補修候補となる延長（診断区分Ⅱの延長）を直接的に把握することができる。目視による方法の場合には，Ⅰ→ⅡやⅡ→Ⅲなど診断区分が変化する位置情報を記録していくことが重要となる。

4－2－4　結果の整理

　診断を行った結果については，「4－4　記録の方法」を参考に，点検結果と同様に記録する。

4－2－5　詳細調査

（1）詳細調査実施の判断

　詳細調査は，路盤の構造的な健全性を確認することが必要と判断された時点で実施する。具体的には，診断区分ごとに以下を参考に必要性を判断する。

　1）表層の供用年数が使用目標年数に到達せずに診断区分Ⅲに達した場合（診断区分Ⅲ－2に該当する場合）

　　　この場合に該当する区間は早期に劣化したと判断されるため，詳細調査を実施して路盤の構造的な健全性を確認する必要がある。

　2）表層の供用年数が使用目標年数を超過して診断区分Ⅲに達した場合

　　　この場合に該当する区間は基本的には目標以上の耐久性を有すると判断されるため，詳細調査は不要となる。しかし，診断区分Ⅲに到達する前後で急激に損傷が進行した場合や路面に路盤材の噴出跡が確認されるなど，路盤の構造的な健全性が疑われ，表層等のみの修繕措置が適切でないと判断される場合は詳細調査を実施する。

　3）診断区分Ⅱの場合

　　　基本的には詳細調査の必要はないが，たとえばひび割れが路面から発生しているのか基層の下から発生しているのかの情報は措置の内容を選定する上で有益となるので，こうした情報を基に措置の内容を検討したい場合は詳細調査としてコア抜き調査などを行うとよい。

　アスファルト舗装の損傷は，材料・舗装構造・施工・気象条件など，様々な要因により発生する。よって，当初の設計条件や施工状況の記録，および当該地域の気象条件や交通条件等を総合的に分析して損傷の要因を推定し，措置方法を決定する判断材料にするとよい。

　参考までに，アスファルト舗装におけるひび割れ・わだち掘れ・縦断方向の凹

－40－

凸の損傷の種類と分類を**表-4.2.3**に示す。要因を分析した結果と詳細調査結果により損傷の種類を見極め，措置方法へと繋げていくことが，舗装を適切にマネジメントしていくには重要である。

表-4.2.3　アスファルト舗装の損傷の種類

損傷の種類		発生原因などによる細分類	損傷の分類	
			路面損傷	構造損傷
ひび割れ	線状のひび割れ	疲労ひび割れ	－	◎
		わだち割れ	◎	○
		凍上によるひび割れ	－	◎
	亀甲状のひび割れ	路床・路盤の支持力（不足）によるひび割れ	－	◎
		融解期の路床・路盤の支持力低下によるひび割れ	－	◎
		路床・路盤の沈下によるひび割れ（不等沈下）	－	◎
		アスファルト混合物の劣化・老化によるひび割れ	○	○
		基層の剥離に伴うひび割れ	○	○
	その他のひび割れ	施工継ぎ目のひび割れ	◎	－
		リフレクションクラック	－	◎
		温度応力ひび割れ	○	○
		構造物周辺のひび割れ	○	○
わだち掘れ		路床・路盤の圧縮変形によるわだち掘れ	－	◎
		アスファルト混合物の塑性変形によるわだち掘れ	◎	○
		アスファルト混合物の摩耗によるわだち掘れ	◎	－
縦断方向の凹凸		単路部における縦断方向の凹凸	◎	○
		交差点部手前等における縦断方向の凹凸（コルゲーション）	◎	－

[注] ◎：特にその損傷である可能性が高い　○：いずれの損傷も可能性がある。

（2）早期劣化につながる舗装の損傷形態

　1）ひび割れ

　　　　早期にひび割れが発生する要因は様々であるが，構造的な健全性の観点としては，舗装計画交通量に対して舗装構造が十分でない，路盤以下の層の支持力が十分でない場合などが考えられる。路盤の損傷が疑われるひび割れの

発生形態としては，舗装路面の沈下や，ひび割れからの細粒分の噴出などを伴う場合が多い。また，路盤以下まで損傷しているにも関わらず，切削オーバーレイを繰り返すなどの措置を行った場合，措置後早期に損傷することが多い。

2）わだち掘れ

早期にわだち掘れが発生する要因としては，舗装計画交通量に対して舗装構造が十分でない，あるいはアスファルト混合物層の塑性変形抵抗性が十分ではない場合などが考えられる。

3）縦断方向の凹凸

縦断方向の凹凸は，供用に伴うひび割れ・わだち掘れや，路床・路盤などの支持力低下，ボックスカルバートなどの埋設物の前後に生じる不等沈下，構造物と舗装の接合部における段差や補修箇所の路面の凹凸など，様々な要因が複合して発生する。よって，各損傷形態を十分考慮した上で，IRI の低下要因を特定していく必要がある。

（3）詳細調査の方法

詳細調査では，舗装の支持力や内部を構成する各層のどの部分まで損傷しているかを診断する構造調査を行う。構造調査の代表的なものは，FWD たわみ量調査，コア抜き調査，開削調査が挙げられる。

1）FWD たわみ量調査

FWD の載荷点直下のたわみ量 D_0 は，舗装の構造的な支持力を評価する指標として用いられている。支持力が不足しているか否かを判断する目安としては，**表-4.2.4** に示す交通量区分別の許容たわみ量の目安を参考にするとよい。

表-4.2.4 交通量区分別の FWD による許容たわみ量の目安の例

交通量区分	N_3	N_4	N_5	N_6	N_7
D_0（mm）	1.3	0.9	0.6	0.4	0.3

FWD により得られたたわみ量により構造評価を行う方法としては，①経験に

基づく設計法と②理論的設計法がある。解析方法については，「舗装設計便覧」や「舗装の維持修繕ガイドブック2013」などを参考にするとよい。

なお最近の研究で，FWDにより既設アスファルト舗装の残存等値換算厚の信頼性を高める換算式が提案されており，本書でも「**付録-12 FWDによる残存等値換算厚の評価事例**」に示す。

構造評価を行う場合は，舗装各層の厚さを把握する必要があり，道路台帳などで確認しなければならない。これが確認できない場合は，コアボーリングや開削調査などにより，少なくとも1箇所以上で舗装各層の構成や厚さを調査する必要がある。

2）コア抜き調査による評価

① ひび割れ深さの調査

コア抜き調査では，アスファルト混合物層のどの部分までひび割れが達しているか，あるいは舗装表面から発達したものか，もしくは下面から発達したものかを判断できる。また，採取したコアを用いた強度試験や，抽出したアスファルトの性状試験を行うことで，ひび割れの発生要因やアスファルトの劣化度合いの推定などにも利用できる。

② わだち掘れの損傷深さの評価

アスファルト混合物層のわだち掘れが表層のみなのか，あるいは基層や瀝青安定処理層まで進行しているのかを確認するために，横断方向に数箇所のコア抜き調査を行う。横断方向の基準線からの距離と各層の厚さを見比べることで，どの層に流動が生じているか，粒状路盤の変形によるものか，あるいは表層からの摩耗なのかを評価することができる。

これらコア抜き調査による2つの詳細調査方法については，「**付録-13 コア抜き調査による詳細調査方法事例**」に示す。

3）開削調査による支持力や各層の健全性の評価

開削調査では，舗装を路床まで開削し，各層の厚さや状態を目視で観察する，あるいは路床の支持力の確認を行うなどして舗装の健全性を評価する。開削調査において，各層の物性を評価するための項目の例を**表-4.2.5**に示す。

粒状路盤の損傷で多く見られるのは，細粒分の噴出による粒度の不均一化や緩みなどによる沈下，支持力低下であるため，より詳細に調査するためには，粒度測定や密度試験などの室内試験も行うことが望ましい。

表－4.2.5 開削調査による評価項目例

対象	評価項目
舗装全体 （開削前）	細粒分の噴出の有無
	わだち掘れ量, 形態（流動によるもの or 沈下によるもの）
	ひび割れ率, 幅, 長さなど
アスファルト 混合物層 瀝青安定処理層	混合物の種類
	厚　さ
	ひび割れの深さ
	ひび割れの進展形態
	アスファルトの剥離の有無
	層間剥離の有無
	各層の路面からの下がり
粒状路盤層	支持力
	種　類
	厚　さ
	密　度
	湿潤状態（含水比）
	各層の層間の状況（各層材料の侵入状況等）
	各層の路面からの下がり
	粒　度
	支持力
路　床	土質およびその層の厚さ
	含水比
	地下水位など

開削調査を基に修繕設計を行うには，必要等値換算厚 T_A と現在の残存等値換算厚 T_{A0} を見比べ，どの層まで修繕を行う必要があるかを判断しなければならない。残存等値換算厚 T_{A0} の算出に用いる換算係数は「舗装設計便覧」に示されて

-44-

いる。また，残存等値換算厚 T_{A0} を用いたアスファルト舗装の修繕設計例が「舗装の維持修繕ガイドブック 2013」に示されているので参考にするとよい。

　4）その他の方法

　　その他の詳細調査方法として，舗装構造の変化点が確認できる電磁波を用いた技術などが開発されているため，状況に応じて使い分けるとよい。

（4）詳細調査結果の診断・評価

　詳細調査結果によって診断を行う場合，前項で示したようにどの層まで修繕が必要であるかを判断することに加え，どのような要因で損傷が発生したかを推定し，措置に反映させることが LCC を最小化するためには望ましい。

　例えば，診断区分Ⅲ－2の「路床・路盤の支持力不足によるひび割れ」と診断された場合でも，「凍上によるひび割れ」が損傷の発生要因であると推定された際は，当該地域の凍結深まで凍上抑制層を構築した上で，路盤から修繕を行うなどの対策が必要である。その他，地下水位が部分的に高い場合や，路床の土質が変化した場合など，支持力不足の要因は多岐に渡るため，現場をよく観察して適切に診断しなければならない。

4－3　措置

　アスファルト舗装における措置は，健全性の診断結果に基づいて，表層の供用年数を使用目標年数に到達させるために実施する補修や，設定した管理基準値を超過したため，舗装の構造的な健全度を回復させるために実施する修繕をいう。

　措置を実施する際には，損傷の分類（路面損傷，構造損傷）や損傷の程度を的確に評価したうえで損傷原因を十分究明し，その原因を排除・解消するような措置を行うことが重要である。

　また，措置に適用する補修工法や修繕工法は，環境条件，道路利用状況，交通規制の難易等に加え，それぞれの工法特性や工法の組合せによる効果も把握して選定することも必要である。

－45－

4－3－1　措置の考え方

　使用目標年数を設定したアスファルト舗装の場合，舗装の状態から定めた診断区分のみならず，表層の供用年数も踏まえた措置の考え方が必要である。そのためには，舗装の管理基準値を超過することなく，表層の供用年数が使用目標年数に到達するよう，舗装の状態を適切に維持し続ける措置の視点が道路管理者に求められる。

　具体的には，舗装の損傷がどのように推移していくかを予測した曲線(以下，「劣化曲線」という)と照らし合わせ，舗装の損傷が劣化曲線より進行している場合には補修等の適切な措置を行い，路盤以下まで損傷が進行しないように措置することが重要である。この劣化曲線は，過去の点検・診断のデータや，これらがない場合は周辺道路の点検データ等を活用し，道路管理者がそれぞれ設定するものとする。**付録-4**に，点検データから求めた劣化予測の事例を示しているので参考にするとよい。

　この具体的な措置の考え方を示したのが，**図-4.3.1**，**表-4.3.1**および**表-4.3.2**である。ここでは，設定した劣化曲線に対して，個別の点検で得られたデータをプロットし，現在の舗装がどのような状態にあるかを“領域”という分類で示している。現在の舗装の状態が領域 a や領域 b の段階では，適切な表面処理工法やシール材注入工法等の補修措置を行うことで舗装の延命を図り，領域 d に達しないような舗装の予防保全に努めることが重要である。なお，ここで取り上げたこれらの領域は舗装の劣化曲線と同様にイメージであり，それぞれの環境条件や地域特性等を考慮して個別に検討する。

　このように，措置は診断区分，表層の供用年数，そして舗装の劣化曲線の位置関係に基づき，現在の舗装の状態がどの領域に該当するかを照らし合わせ，該当した領域に応じて措置を講ずることが重要である。また，**図-4.3.1**中のどの領域にも該当しない“目標以上の耐久性を有する区間”は，表層等に路盤以下を保護する機能が十分に発揮されている領域に相当し，基本的に措置は不要と判断してよいが，診断区分Ⅲへの移行時期を遅延させるための予防保全の考え方を否定するものではない。

　なお，**図-4.3.1**に示す“早期”から“長期”までの表層の供用年数については，

設定した使用目標年数に応じて決定するものであり，具体的かつ一律に提示することは難しい。したがって，**表-4.3.2**に示す表層の供用年数に対する設定の考え方を参考に，使用目標年数を踏まえた表層の供用年数（早期～長期）をそれぞれ設定するとよい。

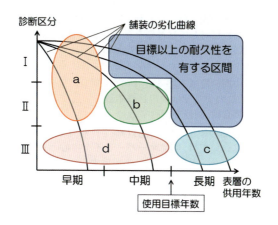

図-4.3.1 表層の供用年数と診断区分の関係から選定する措置の考え方

表-4.3.1　それぞれの領域に応じた措置の考え方

領域	措置の考え方
領域a	供用早期の段階（**図-4.3.1**の「早期」）では，表層の供用年数が使用目標年数以上となるよう，損傷に応じた早めの措置が必要である。診断区分Ⅰの領域aは舗装の状態が健全な段階であり，基本的に措置が不要である。しかし，早期劣化の恐れがある損傷（ひび割れ率は小さくても，路盤への雨水の浸入が多いことが想定されるひび割れ幅の大きいひび割れ，路盤材の噴出跡があるひび割れがある場合等）に対しては補修を行うことが望ましい。一方，診断区分Ⅱに達した領域aは，速やかな補修，例えばひび割れ部へのシール材注入，わだち部オーバーレイ等を実施する。
領域b	供用中期の段階（**図-4.3.1**の「中期」）に見合った損傷の程度であっても，このままでは使用目標年数に到達することが難しいと想定される場合は，補修を実施する。
領域c	供用長期の段階（**図-4.3.1**の「長期」）で，診断区分がⅢに達した区間については，切削オーバーレイを中心とした工法で修繕（点検要領でいう「表層等修繕」）を実施する。
領域d	診断区分Ⅰ，Ⅱの段階で補修措置を実施してきたものの，表層の供用年数が使用目標年数よりも早期の段階で管理基準を超過した区間においては，詳細調査を実施し路盤以下の層を含めて健全性を確認する。修繕後は表層の供用年数が使用目標年数に到達するよう，適切な修繕設計に基づく措置（路盤からの打換え等，点検要領でいう「路盤打換等」）を実施する。

表-4.3.2　それぞれの表層の供用年数に対する設定の考え方

表層の供用年数	設定の考え方
供用早期	表層の供用年数が使用目標年数に比べてまだ早期の段階をいう。目安として，使用目標年数に対して表層がその半分強程度までの期間の供用年数ととらえればよい。
供用中期	表層の供用早期を経過し，供用年数が使用目標年数に近づいている段階をいう
供用長期	表層の供用年数が使用目標年数を超過している段階をいう。

図-4.3.1に示す表層の供用年数と診断区分に基づいて，使用目標年数まで舗装の構造的な健全性を維持させるために，ひび割れ率を管理基準とした場合に定期的な措置を行ったイメージを図-4.3.2に示す。

-48-

このイメージのように、使用目標年数に照らして的確な措置を講じることが重要である。

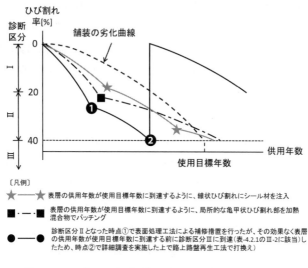

図－4.3.2　使用目標年数を踏まえた措置のイメージ

4-3-2　措置における工法選定の考え方

(1) 工法の選定

　一般的に、アスファルト舗装の措置に用いる工法は、措置の対象とする区間が**図-4.3.1**中のいずれかの領域に該当することを認識したうえで、損傷の分類（路面損傷、構造損傷）や損傷の程度に応じて適切に選定する。アスファルト舗装の措置に用いる一般的な工法を**表-4.3.3**に示す。

　措置に用いるこれらの工法の具体的な内容については、日本道路協会の各種指針や便覧ならびにガイドブック、新技術情報提供システムや各工法に関する資料および文献を参考にするとよい。**表-4.3.3**に示す工法以外にも、適切で有効な工法や新技術・新工法がある場合には、十分に情報を収集し、損傷に対する効率性や有効性等を見極めたうえで採用の可否を検討する。

-49-

（2）修繕設計

　診断区分Ⅲにおいて，使用目標年数に満たない領域dは詳細調査を実施し，詳細調査の結果を踏まえた修繕設計を実施する。使用目標年数を超過した領域cに該当する区間は診断区分Ⅲに到達する前後で急激に損傷が進行した場合や路面に路盤材の噴出跡が確認されるなど，路盤の構造的な健全性が疑われ，表層等のみの修繕措置が適切でないと判断される場合は領域dと同様に修繕設計を実施する。また，これらの設計手順の詳細については，「舗装の維持修繕ガイドブック2013」等を参考にするとよい。

（3）経済性の検討

　工法選定にあたって複数の工法が考えられる場合は，費用対効果を視野に入れた経済性を検討するべきである。「舗装の維持修繕ガイドブック2013」にLCCを考慮した設計の考え方が示されているので参考にするとよい。

　なお，修繕措置では，LCC最小化の視点を重視した総合的なコスト縮減を推進するために，路盤強化としてセメント安定処理等の採用や，舗装構造自体に高い耐久性が期待されるコンクリート舗装やコンポジット舗装への変更も考えられる。その場合，コンクリート舗装はアスファルト舗装よりも一般的に交通開放までに時間を要するなどの特徴があるため，道路利用状況，交通規制の難易，既設舗装構造や損傷状況，地下埋設物の有無等を含めた施工条件を総合的に勘案し，コンクリート舗装等の採用の可否を検討する必要がある。アスファルト舗装とコンクリート舗装のLCC試算の比較例を「**付録-14　アスファルト舗装とコンクリート舗装のLCC算定の比較例**」に示す。

　また，選定する工法は舗装発生材等を極力少なくする工法を採用する等，環境面への配慮を図ることも重要である。

表-4.3.3 アスファルト舗装の措置に用いる一般的な工法

	診断区分	領域	適用が想定される主な損傷例	工法名	損傷の分類	
					路面損傷	構造損傷
補修	I	a	なし注1)	シール材注入工法，フォグシールやチップシール等の表面処理工法，わだち部オーバーレイ工法，薄層オーバーレイ工法等	○	—
	II	a, b	ひび割れ			
			わだち掘れ	切削工法，わだち部オーバーレイ工法等	○	—
修繕	III-1	c	ひび割れわだち掘れIRI	オーバーレイ工法，表層・基層打換え工法（切削オーバーレイ工法）等	○	—
	III-2	d		局部打換え工法，打換え工法（再構築を含む），路上路盤再生工法等注2)	—	○

注1) 軽微な損傷に対して，路盤の保護等の観点から必要に応じ補修措置を実施
注2) 路盤の強化に資する工法の導入，コンクリート舗装やコンポジット舗装への変更も検討

4-3-3 措置の実施

　補修工事や修繕工事は，通常，供用中の道路において行われるものであり，工事の内容，規模，条件等は新設工事と異なるので，選定した工法の特徴や内容を十分理解したうえで，効率的に実施することが重要である。また，補修工事や修繕工事の作業内容が多種多様であり，一回の施工規模が小さい場合が多いので，綿密な施工を計画し，その計画に基づき所定の品質や出来形が確保できるように施工することが大切である。同時に，交通規制時の渋滞発生等，交通への影響を最小限にするとともに，道路利用者や第三者等への安全確保にも十分留意することが求められる。

　なお，図-4.3.1に示す領域cでは詳細調査を実施しないで修繕工事を実施することが多いため，修繕工事着手後の表層等の切削，もしくは剥ぎ取り後，表層に見られた損傷と異なる損傷が基層以下に見られる場合もある。このような損傷をそのまま放置していると，措置後に期待された路盤以下を保護する機能が十分

-51-

発揮できないことが懸念される。この対応策の一例を，「**付録-15 修繕工事にお
ける緊急追加工事**」に示す。

また，個別の工法における実施方法等は，「舗装の維持修繕ガイドブック
2013」等を参考にするとよい。

４－３－４ 措置後の出来形・品質の確認

措置後の舗装の出来形・品質を確認する。現地での品質確認が困難な場合は，
使用材料などの品質を確認する。これらの確認方法等は，日本道路協会の各種指
針や便覧ならびにガイドブックを参照する。

４－３－５ 結果の整理

措置を行った結果については，「４－４　記録の方法」を参考に，点検・診断
結果と同様に記録する。また，「舗装の維持修繕ガイドブック 2013」に，措置に
関する詳細な記録様式が記載されているので参考にするとよい。

４－４　記録の方法

点検，診断，措置の結果は，メンテナンスサイクルを運用する上で貴重な情報
となるものであり，当該舗装が供用されている期間は保存する必要がある。これ
らの情報は，点検，診断，措置の各段階で最適な区間分けを検討し必要に応じ修
正して記録する。また，記録作業を煩雑化させないためには現状に適した記録様
式を定めシステム化する工夫が必要である。

４－４－１　記録内容

４－１－１で示した情報の他，点検，診断や措置の実施に際して得られる点検
結果，健全性診断の結果，詳細調査の結果，措置の内容，舗装構成等の情報を記
録する。また，予算計画に反映するため，点検，診断，措置に要した費用を道路
別に整理しておく。

4-4-2 記録の更新

記録については，可能な限り基本諸元等の項目も含め新たな情報が得られる都度，追記あるいは更新・蓄積する。また，ひび割れ率，わだち掘れ量，IRI等の定量的な情報は，その変化が分かるように整理し劣化予測ができるようにする。

4-4-3 記録の保存期間

基本的に当該舗装が供用されている間は保存し適宜更新する。なお，舗装構造を含む抜本的な修繕が行われた場合でも修繕前の構造における損傷の進行との比較データが得られるので，道路が供用されている期間は保存しておくことが望ましい。

4-4-4 記録様式

記録様式の設定に際しては，例えば直轄国道では**表-4.4.1**に示した情報，点検，診断，措置の記録様式と，**表-4.4.2**に示した写真を格納する記録様式が定められているので参考にするとよい。記録は電子データとして各段階の担当者が入力する。また，実態に応じて電子データを使用せず紙媒体のファイリングなどの手法でも可とする。この際，担当者の交代による影響を受けないよう管理年度別に同じインデックスを用いて整理し，伝達すべき注意事項や写真で記録した場合はその意図をメモ等で解説した記録を残しておくとよい。

表−4.4.1 記録様式の例（その1）

舗装点検記録様式（A）

表－4.4.2 記録様式の例（その2）

舗装点検記録様式（B）

整備局		事務所	出張所		点検年月	
路線番号		都道府県			市町村	
区間(kp)	～	上下線		車線	舗装区分	
判定区分	判定の主な判断要素				整理番号	

	メモ
区間の代表 写真を貼付	

整備局		事務所	出張所		点検年月	
路線番号		都道府県			市町村	
区間(kp)	～	上下線		車線	舗装区分	
判定区分	判定の主な判断要素				整理番号	

	メモ
区間の代表 写真を貼付	

整備局		事務所	出張所		点検年月	
路線番号		都道府県			市町村	
区間(kp)	～	上下線		車線	舗装区分	
判定区分	判定の主な判断要素				整理番号	

	メモ
区間の代表 写真を貼付	

※メモ欄は、区間における損傷に関する具体的な情報を記載。
※補修を実施した場合は、その実施状況が分かる写真の添付と合わせメモ欄に記載することが望ましい。

4-5 メンテナンスサイクルフロー

分類Bのアスファルト舗装のメンテナンスサイクル（点検，診断，措置および記録）フローは，**図-4.5.1**に示すとおりである。

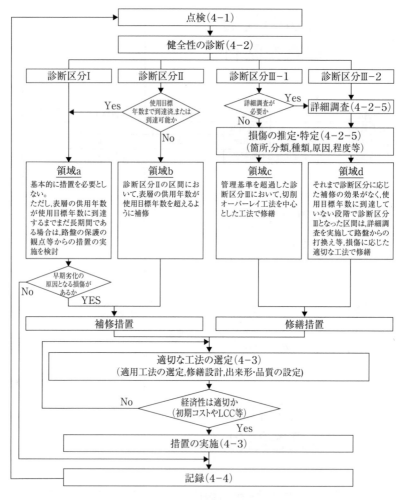

図-4.5.1 分類Bのアスファルト舗装のメンテナンスサイクルフロー

第5章　分類Ｃ，Ｄのアスファルト舗装の
メンテナンスサイクル

　損傷の進行が緩やかな道路等の分類Ｃ，Ｄのアスファルト舗装の点検の基本的な考え方は，損傷の進行が早い道路等の分類Ｂの場合と同様であり，舗装種別ごとの材料・構造特性を考慮し，それぞれに応じて必要な情報を得ることにある。ただし，措置が必要な損傷が各道路の特性等により異なるものとなるため，供用に際して許容される損傷レベルを分類Ｂと同様とする必要はなく，表層等の適時修繕による路盤以下の層の保護を行うための適切な管理を行う。

5－1　点検の方法

　分類Ｃ，Ｄのアスファルト舗装の点検は，「3－2　管理基準の設定」により道路管理者が適切に設定した管理基準に照らして，目視または機器を用いた適切な手法によりその健全性を診断できるよう舗装の状態を把握することにある。
　なお，分類Ｃ，Ｄのアスファルト舗装の点検においては，「3－1　道路の分類」に示すような分類Ｂとの相違点がある。

5－1－1　基本諸元等の把握

　分類Ｃ，Ｄのアスファルト舗装において点検・診断に先立ち必要となる情報を**表-5.1.1**，メンテナンスサイクル運用中に追加し蓄積する情報を**表-5.1.2**に示す。これら以外にも，必要に応じて情報を追加し確認するよう努める。追加する場合は，「4-1-1 基本諸元等の把握」を参考にするとよい。

表－5.1.1　点検・診断に先立ち必要な情報

	項目	担当者	参照箇所
1	道路の分類	道路管理者が設定	3-1
2	管理基準	道路管理者が設定	3-2
3	位置情報	道路管理者が選定	4-1-1（1）3）

表－5.1.2　メンテナンスサイクル運用中に追加し蓄積する情報

	項目	点検	診断	措置		
				工法選定	設計	施工計画
1	措置情報	○	○	○	○	○
2	点検・診断記録	○	○	○	○	－
3	巡回時の損傷情報	○	○	△	△	○
4	沿道住民等の要望	○	○	△	△	○
5	その他の情報	○	○	△	△	○

○必要な情報　△参考とする情報

（1）点検・診断に先立ち必要な情報

　1）道路の分類と舗装の管理基準

　　道路管理者が判断・設定した道路の分類と舗装の管理基準を整理する。

　2）位置情報

　　点検する区間や診断する区間を特定するための指標となる位置情報を収集する。路線名，距離標，車線区分での整理を基本に，距離標が設置されていない場合や別の情報の方が特定しやすい場合がある等を考慮して，座標（緯度経度），住所，交差点名，目印となる沿道の施設等の情報を収集する。

（2）メンテナンスサイクル運用中に追加し蓄積する情報

　メンテナンスサイクルを合理化していくために，運用中に蓄積することが望ましい情報を以下に示す。

　1）措置情報

　　補修の頻度，規模，方法，原因，履歴，および修繕履歴等を収集する。道

-58-

路台帳等で新設や大規模修繕の情報が得られない場合においては，既往の診断結果や定量的な路面性状データが大幅に改善されていれば，その時点で何らかの補修や修繕がなされたと判断してもよい。

2）点検・診断記録

損傷が顕在化し始めた時期，その後の経過に関する情報を蓄積する。

例）ひび割れ，わだち掘れ，縦断方向の凹凸等の状態とその年月日

3）巡回時の損傷情報

巡回時に把握した損傷情報を蓄積する。

4）沿道住民等の要望

沿道住民，利用者等の要望に関する情報を蓄積する。

5）その他の情報

その他，アスファルト合材プラントの情報（位置，供給能力，リサイクル材受け入れの有無など），交通事故や交通渋滞の情報も収集しておくとよい。

5－1－2　点検手法

分類 C，D のアスファルト舗装の点検手法は，「4－1－2　点検手法」と同様である。点検実績がない場合は，近隣の地方公共団体，大型車交通量および類似している道路の管理状況等を参考にして点検計画に基づき実施するとよい。なお，点検間隔が長期となる場合は，巡視の機会等で得た情報により補完することが望ましい。

分類 C，D のアスファルト舗装の点検においては，巡視の機会等で得た情報により補完する方法，住民参加型のインフラ管理による点検方法も試行されており，「**付録-16**　分類 C，D のアスファルト舗装における点検の例」に示す。

また，分類 C，D のアスファルト舗装においては，分類 B のようにひび割れ率，わだち掘れ量，IRI の 3 指標の全てが必ずしも設定されるわけではない。「**付録-17**　損傷の実態に基づいた点検の効率化」においては，管理している道路の特性として，わだち掘れの損傷が少ないと把握している実態を踏まえ，管理指標をひび割れ率と IRI とし，計画的な修繕を実施する手法の事例を示している。

5-2　健全性の診断

　分類CやDに該当する「損傷の進行が緩やかな道路等」についても，分類Bと同様に適切に健全性の診断を行うことになる。

5-2-1　診断者

　アスファルト舗装の損傷程度を適切に診断できる技術者とする。なお，国土交通省では一定水準の技術力等を有する民間資格を，「国土交通省登録資格」として登録する制度を平成26年度より導入している。平成30年2月現在，舗装分野の診断業務では，主任点検診断士，点検診断士，舗装診断士，RCCM（道路）の4つの資格が登録されているので参考にされたい。

5-2-2　診断区分

　分類C，Dの道路に対しては，**表-5.2.1**に示すような診断区分が点検要領で示されている。分類Bの道路のように使用目標年数の設定の規定がないため，**表-4.2.1**に示すようなⅢ-1とⅢ-2の区分はないが，設定した管理基準に照らし損傷レベルを3段階に分類するという点では分類Bと同様である。

　なお，分類C，Dの道路は，一般的に大型車交通量が少ないため，塑性変形に伴うわだち掘れは比較的発生しにくく，アスファルト舗装の劣化や老化に起因するひび割れ，あるいは沈下を伴うひび割れやわだち掘れが多いなどの特徴があることに留意するとよい。

表－5.2.1 アスファルト舗装の診断区分

区分		状態
I	健全	損傷レベル小：管理基準に照らし，劣化の損傷が小さく，舗装表面が健全な状態である。
II	表層機能保持段階	損傷レベル中：管理基準に照らし，劣化の程度が中程度である。
III	修繕段階	損傷レベル大：管理基準に照らし，それを超過している又は早期の超過が予見される状態である。

５－２－３ 診断方法

診断方法については，使用目標年数の設定がないため，診断区分のⅢが細分化されないことを除き，分類Ｂの場合と同様であり，「４－２－３ 健全性の診断」を参照し，舗装の損傷状態に応じて，**表-5.2.1**に示した診断区分に各区間を分類する。

５－２－４ 結果の整理

健全性の診断を行った結果については，「４－４ 記録の方法」に示した様式例を参考に，点検結果と同様に記録する。

５－２－５ 詳細調査

分類Ｃ，Ｄの道路においては，損傷の進行が緩やかであり，「２－１－２ 道路の特性等に応じた効率的な管理」で示したとおり，表層等の適時修繕による路盤以下の層の保護を行うべく，路面の状態が管理基準に到達した段階で切削オーバーレイを中心とした措置（修繕）を行う。しかし，繰り返し修繕や補修を実施している区間や，当初の舗装計画交通量よりも著しく大型車交通量が増加し路盤の損傷が進行している区間が存在する場合があり，そのような場合は詳細調査を実施した上で適切な措置を選定することが望ましい。参考として，損傷の進行が急速に進行する路面の損傷例を「**付録-18** 損傷の重篤化につながる路面の損傷」に示す。

詳細調査の方法については，分類Ｂの場合と同様であるため，「４－２－５　詳細調査」を参照する。

５－３　措置

診断の結果に基づき，道路管理者が総合的に検討し必要な措置を行う。措置の一連の手順は「４－３　措置」と同様であるが，使用目標年数を設定していないことに留意する必要がある。

５－３－１　措置の考え方

使用目標年数を設定しない分類Ｃ，Ｄの道路については，診断区分Ⅲの区間を対象に，表層・基層打換え工法（切削オーバーレイ工法）を中心とした修繕措置を行うこととなる。これは，損傷の進行が緩やかであるため，表層等の適時修繕により路盤以下の層を保護するという前提にたった舗装の管理に基づくものである。ただし，急激に損傷が進行した場合や路盤の損傷が疑われる場合等については，詳細調査を実施し，損傷の原因を究明したうえで，修繕措置を実施する。

診断区分Ⅰの区間は舗装の状態が健全であり，基本的に補修措置を必要としない。診断区分Ⅱの区間も補修措置の実施が必須とされておらず，損傷状態に応じて適切な補修措置を実施することとされている。例えば，ひび割れ幅が大きく，路盤以下への雨水の浸入の影響が大きいと判断される場合や，関連工事等で交通規制を実施するため措置の実施が容易となる場合など，個々の区間で補修措置の実施を判断するとよい。

それぞれの診断区分に応じた措置の具体的な考え方は，**表-4.3.1**を参考にする。

５－３－２　措置における工法選定の考え方

措置における工法選定の考え方は，「４－３－２　措置における工法選定の考え方」を参照する。

5−3−3　措置の実施

措置の実施は,「4−3−3　措置の実施」を参照する。

5−3−4　措置後の出来形・品質の確認

措置後の出来形・品質の確認は,「4−3−4　措置後の出来形・品質の確認」を参照する。

5−3−5　結果の整理

結果の整理は,「4−3−5　結果の整理」を参照する。

5−4　記録の方法

「4−4　記録の方法」を参照し,これに準じて実施するとよい。特に分類C,Dの道路については,それまでの点検等の実績が少ない場合が多く,メンテナンスサイクルの構築の初期段階で得られる情報が多くない場合もあると考えられる。そのような場合は,メンテナンスサイクルを運用していく段階で,占用工事の立会の際に得られる情報や,道路利用者,沿道住民からの情報などを,適宜記録として追加していくとよい。

第6章　コンクリート舗装のメンテナンスサイクル

　舗装の点検の基本的な考え方は，舗装種別ごとの材料・構造特性を考慮し，それに応じて必要な情報を得ることにある。コンクリート舗装の場合は，目地部が構造的な弱点であるものの，極めて長期間供用し続けることが期待できる。このため，高耐久性能をより長期的に発現させることを目的として目地部を中心に路盤に雨水等が浸透するような目地材の飛散や版の角欠け，段差等の損傷，あるいはこれらによる荷重伝達機能の低下がないかといった視点で点検し，必要な措置を講ずることとなる。

　なお，コンクリート舗装の点検，診断，措置および記録の全体フローは「6－5　メンテナンスサイクルフロー」で後述する。

6－1　点検の方法

　一般的なコンクリート舗装では，打設直後の硬化収縮や供用時の温度収縮による不規則なひび割れ，また，温度膨張によるブローアップを防止するために，一定間隔に収縮・膨張を吸収させる目地を設けている。このような収縮・膨張の繰り返しによって，特に膨張目地は開きが生じやすいので留意する必要がある。目地の開きやひび割れなどから雨水が浸入するとダウエルバーの腐食や破断が生じ，ポンピング作用（粒状材料の噴出）によってエロージョン（路盤材等が流出して空洞化する）などが生じ，コンクリート舗装の損傷に進展する場合がある。したがって，コンクリート版の健全性を評価するには，主に目地部の健全性や有害なひび割れの有無等を点検・診断する必要がある。

6－1－1　基本諸元等の把握

　コンクリート舗装の点検に際しては，車線・区間別（コンクリート版ごと）に必要となる情報を可能な限り把握することが求められる。「点検要領」では，表

-64-

層の供用年数，表層の供用後の補修履歴，舗装計画交通量，舗装構成，設計交通量区分などを基本諸元としているが，ここでは，**表-6.1.1** に示す点検・診断に先立ち必要な情報と**表-6.1.2** に示すメンテナンスサイクル運用中に追加し蓄積する情報を基本諸元等として提示する。

表-6.1.1 点検・診断に先立ち必要な情報

	項目	担当者	参照箇所
1	道路の分類	道路管理者が設定	3-1
2	舗装の種類	点検・診断実施者が確認	6-1-1（1）2)
3	位置情報	道路管理者が選定	6-1-1（1）3)

表-6.1.2 メンテナンスサイクル運用中に追加し蓄積する情報

	項目	点検	診断	措置		
				工法選定	設計	施工計画
1	措置情報	○	○	○	○	○
2	点検・診断記録	○	○	○	○	－
3	供用年数	△	○	○	○	－
4	道路情報	△	△	－	－	△
5	交通情報・交通履歴	△	○	○	○	－
6	舗装構成	△	○	○	○	○
7	路床条件	－	△	△	○	－
8	気象記録	－	△	－	○	－
9	沿道環境	－	－	○	△	○
10	工事情報	－	○	－	－	○
11	巡回時の損傷情報	○	○	△	△	○
12	沿道住民等の要望	○	○	△	△	○
13	その他の情報	○	○	△	△	○

○必要な情報　△参考とする情報

（1）点検・診断に先立ち必要な情報

1）道路の分類

-65-

アスファルト舗装と同様に道路管理者が判断・設定した道路の分類を整理する。

2）舗装の種類

コンクリート舗装には，それぞれ目地構造や施工方法が異なる普通コンクリート舗装，連続鉄筋コンクリート舗装，転圧コンクリート舗装などがある。特にひび割れについては，舗装の種類ごとに特徴があり，舗装の種類を把握したうえで点検を行う必要がある。

なお，事前にコンクリート舗装の種類が把握できていることが望ましいが，点検時に路面の状態を観察して推定してもよい（**図**-6.1.1 コンクリート舗装の種類判別方法の例を参照）。

各種コンクリート舗装の判別方法の一例を以下に示す。

・普通コンクリート舗装：一定間隔で横目地がある。供用早期にはほうき目などが残されている。長期供用された場合は粗骨材の最大粒径で判断する。一般的には骨材最大粒径 40mm が使われている。

・連続鉄筋コンクリート舗装：横目地が設けられていなければ連続鉄筋コンクリートと判断できる。

・転圧コンクリート舗装：一定間隔で横目地がある。ほうき目などは無い。長期供用された場合は粗骨材の最大粒径で判断する。一般的には骨材最大粒径 20mm が使われている。

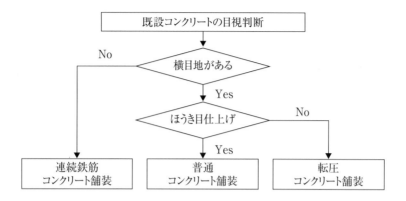

注）一般的に普通コンクリート舗装の骨材最大粒径は 40mm，
転圧コンクリート舗装の骨材最大粒径は 20mm となっている。

図－6.1.1 コンクリート舗装の種類判別方法の例

3) 位置情報

　点検する区間や診断する区間を特定するための指標とする位置情報を収集する。路線名，距離標，車線区分での整理を基本に，距離標が設置されていない場合や別の情報の方が特定しやすい場合がある等を考慮して，座標（緯度経度），住所，交差点名，目印となる沿道の施設等の情報を収集する。

(2) メンテナンスサイクル運用中に追加し蓄積する情報

　メンテナンスサイクルを合理化していくために，運用中に蓄積することが望ましい情報を以下に示す。

1) 措置情報

　補修の頻度，規模，方法，原因，履歴，および修繕履歴等を収集する。道路台帳等で新設や大規模修繕の情報が得られない場合においては，既往の診断結果や定量的な路面性状データが大幅に改善されていれば，その時点で何らかの補修や修繕がなされたと判断してもよい。

2) 点検・診断記録

　損傷が顕在化し始めた時期，その後の経過に関する情報を蓄積する。

例) 目地部の損傷，段差，ひび割れ等の状態とその年月日

３）供用年数

　当該区間のコンクリート版の新設あるいは更新時からの年数を整理する。道路台帳等に記録がなく，建設時期が分からない場合はできる限りの工事情報を収集したうえで関係者や沿道住民等にヒアリング調査し，これまでの供用年数を推定する。

４）道路情報

　点検した区間や診断した区間の道路の構造等を把握するための情報を収集する。

　　　　例１）幅員構成（車道，中央帯，付加車線，路肩，自転車道，歩道等）

　　　　例２）立地構造（切土部，盛土部，トンネル部，橋梁部）

　　　　例３）道路の設計要素（道路構造令に基づく道路の区分と設計速度，設計車両，縦横断の線形・勾配等，排水構造物と排水経路）

５）交通情報，交通履歴

　設計に照らした交通条件の確認に必要な情報を収集する。

　　　　例）舗装計画交通量区分，実際の大型車交通量（道路交通センサス等）

　なお，情報がない場合は，当該箇所の舗装構造や周辺道路の情報等から推定する。

６）舗装構成

①　舗装構造

　舗装構成と各層の厚さに関する情報を収集する。現状の舗装構造を知ることは，損傷の発生要因（損傷が材料に起因するもの，設計に起因するもの，供用による疲労に起因するものなど）を推定するために重要である。当該道路の舗装設計時の情報が残されていない場合は，同時期に構築された周囲の同様の路線の構造と同じである可能性が高いことを念頭に情報を収集する。

　なお，コンクリート舗装は，コンクリートの設計基準曲げ強度により版厚が変わるため設計時の基準曲げ強度のデータがあると正確に評価できる。舗装を構成する各材料の厚さなどのデータも収集・記録する必要がある。また，必要に応じ，目地のピッチ，膨張目地の有無（場所）も収集しておくとよい。

②　使用材料

各構成材料の仕様情報を収集する。コンクリート舗装の場合，コンクリート版の他に粒状路盤材や安定処理路盤材，中間層としての密粒度アスファルト混合物などを使う場合がある。必要に応じ，これらの材料品質規格（修正CBRや一軸圧縮強さなど）が判明していれば収集する。

7）路床条件

路床の設計支持力係数（地盤係数），または設計CBRのデータがあればこれを設計資料から収集する。資料が残っていない場合は，「コンクリート舗装ガイドブック2016」などに設計例が示されており，これらの舗装厚と大型車交通量から逆算して推定する。なお，修繕結果の記録から路床の支持力低下が懸念される場合は，路床の支持力低下の有無に関連する情報（当該地区の土質・地盤状況，地下水位およびその変動の可能性等）を収集する。また，情報がない場合は修繕工事の実施に際し必要に応じて再調査して整理する。

8）気象記録

気象条件に関する情報を収集する。

環境条件を設定するためには当該箇所の摩耗量に影響する積雪量や凍上に影響する凍結深さ等を収集する。その他，必要に応じ特記すべき気象条件（特にエロージョンなどに影響する降水量が多い地域などの特徴）があれば記録する。

9）沿道環境

補修工法の選定，施工計画の策定に必要な環境や沿道条件に関する情報を収集する。

例）点検や診断した区間の人口密度や存在する施設に関する情報

なお，沿道環境（都市部，郊外部等）が設計条件に関連する場合がある。詳細は「舗装設計便覧」，「コンクリート舗装ガイドブック2016」を参照する）。

10）工事情報

当該舗装を構築した工事に関する情報を収集する。施工会社名，セメント，コンクリートの配合や出荷プラント，路盤材等構成材料の性状・産地などの情報を収集するとよい。

11）巡回時の損傷情報

　　巡回時に把握した損傷情報を蓄積する。

12）沿道住民等の要望

　　沿道住民，利用者等の要望に関する情報を蓄積する。

13）その他の情報

　　その他，生コンクリートプラントの情報（位置，供給能力など），交通事故や交通渋滞の情報も収集しておくとよい。

6―1―2　点検手法

　コンクリート舗装の点検は，コンクリート版の持つ高耐久性能をより長期間にわたり発現させる観点から，構造的な弱点である目地部の損傷状況やコンクリート版のひび割れ状況，段差に着目して行う。点検手法としては，徒歩による直接目視が基本となるが，目地部等の状態の概要把握または一連のコンクリート舗装の区間におけるひび割れ発生状況の把握のため，車上からの目視や画像撮影，車両に取り付けた加速度計による段差測定，または路面性状測定車等による調査を行うことも有効である。

　点検の目的に応じて，道路管理者が目視または機器を用いた手法等を適切に設定する。

　なお，点検では，目視で損傷レベルを小・中・大の３区分で把握することが基本であり，区分を示す写真をあらかじめ用意し，その写真と見比べる等の手法を取り入れるとよい。

　点検後の診断，措置を考える上で，損傷の規模（大きさ，深さ，長さ等）やコンクリート版のどの位置に損傷が発生しているか等の情報は重要となることから，損傷の規模をスケール等で測定し，コンクリート版ごとに損傷の位置が分かるスケッチ図等で記録しておくことが望ましい。

　なお，徒歩目視の点検例を「**付録-19　コンクリート舗装の徒歩目視による点検例**」に示す。

6－1－3　コンクリート舗装の損傷

コンクリート舗装の主な損傷を**表-6.1.3**に示す。目地部の損傷，段差，ひび割れなどの構造的な損傷は路盤の保護の観点から点検すべき重要な損傷である。その他の損傷としては，わだち掘れ，スケーリング，ポリッシング等があり，これらによって車両の走行性や安全性，快適性などが低下する。なお，損傷の特徴，発生原因，写真については，「舗装点検必携」を参考にするとよい。

表－6.1.3　コンクリート舗装の主な損傷

損傷の種類		特徴	損傷の分類	
			路面	構造
目地部の損傷	目地材のはみ出し，飛散	目地部に注入されている目地材がはみ出し，飛散している状態である。	◎	○
	目地部の角欠け	目地部の角がコンクリート片またはひび割れとして欠けている状態である。	○	◎
段差	コンクリート版の端部等に発生する段差	版と版との段差，隣接構造物と版との段差，地下埋設物に伴う段差，アスファルト舗装との継目の段差等がある。目地部付近から路盤等の細粒分の表面への噴出（ポンピング）が見られる場合もある。	○	◎
ひび割れ	横ひび割れ	車両の走行方向に対しておおむね直角方向に入ったひび割れである。連続鉄筋コンクリート舗装に発生するあらかじめ設計されたひび割れ幅の小さいひび割れは損傷に該当しない。	○	◎注)
	縦ひび割れ	車両の走行方向に対しておおむね同じ方向に入ったひび割れである。	○	◎
	隅角ひび割れ	コンクリート版の隅角部に生じるひび割れである。	○	◎
	面状・亀甲状ひび割れ	縦および横ひび割れが複合して，面状あるいは亀甲状となったひび割れであり，コンクリート版の構造的な終焉状態といえる。	○	◎

注）：連続鉄筋コンクリートでひび割れ開口幅 0.5mm 未満の場合は除く。

（1）目地部の損傷

　目地材がはみ出し，飛散すると平たん性の悪化や雨水の浸入，土砂詰まりなどの原因となり，目地部の大きな損傷につながることがある。また，目地部に角欠けが生じた場合，車両の走行性や安全性・快適性を損ない，振動や騒音によって沿道環境を悪化させることがある。点検では目地部に損傷があるかどうかを目視で確認し，損傷レベルを小・中・大の3区分のいずれに該当するのかを判断する。

（2）段差

　段差は主に，目地やひび割れからの雨水等の浸入と供用に伴う車両の繰返し荷重によって，路盤の細粒分が噴出するなどしてエロージョンが生じることにより発生する。点検では，目地部やひび割れ部において，段差があるかどうかを目視で確認し，損傷レベルを小・中・大の3区分のいずれに該当するのかを判断する。なお，目地部やひび割れ部の周辺に細粒分が噴出した形跡（ポンピング）が見られる場合や車両走行時にタイヤ衝撃音が発生する場合は，段差が生じている可能性がある。

（3）ひび割れ

　ひび割れは，その形状や発生位置等によって分類することができる。主な分類は，横ひび割れ，縦ひび割れ，隅角ひび割れ，面状・亀甲状ひび割れの4種類であり，その発生パターン例を図-6.1.2に示す。点検ではコンクリート舗装にひび割れが発生しているかどうかを目視で確認し，損傷レベルを小・中・大の3区分のいずれに該当するのかを判断する。

　なお，連続鉄筋コンクリート舗装の横ひび割れを点検する時の留意点は以下のとおりである。

　　①　縦断方向にほぼ一定間隔ごとに入る横断ひび割れは，コンクリートの収縮を連続鉄筋で拘束することで分散させる設計上見込んでいるひび割れであり，ひび割れ開口幅が0.5mm未満のひび割れは健全として扱う。

　　②　ひび割れ開口幅が0.5mm程度を超えている場合や鉄筋による錆汁が舗装表面に確認される場合は損傷として扱う。

① 普通コンクリート舗装，転圧コンクリート舗装

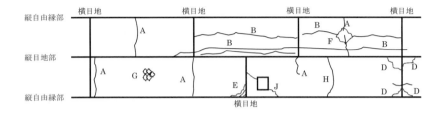

② 連続鉄筋コンクリート舗装

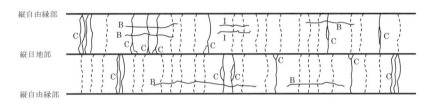

【凡例】
A：横ひび割れ，B：縦ひび割れ，C：Y型・クラスタ型等，D：隅角ひび割れ，E：Dクラック，F：面状・亀甲状等，
G：プラスチック収縮ひび割れ，H：円弧状ひび割れ，I：沈下ひび割れ，J：不規則ひび割れ（拘束ひび割れ）
※点線：ひび割れ間隔がほぼ一定の健全な横ひび割れ

図-6.1.2 コンクリート舗装版に生じるひび割れの発生パターン例

6-2 健全性の診断

コンクリート舗装における「診断」とは，点検で得られた舗装路面の情報を基に，路盤以下への雨水の浸入や目地溝に土砂や異物が詰まるおそれがないか，コンクリート版としての構造機能が失われている可能性がないかを判断することを指す。コンクリート舗装では，主にひび割れ，目地損傷，角欠け，段差など損傷の種類やその程度について診断を行う。

コンクリート版としての構造機能が損なわれている，損なわれている可能性がある，もしくは，路盤以下の損傷まで進行している可能性があると判断された場

合は,「6－2－5　詳細調査」でFWDたわみ量調査,コア抜き調査,開削調査等を行い,路盤以下の損傷程度や荷重伝達機能の回復が必要かどうかを詳細に診断する必要がある。

コンクリート舗装はコンクリート版の持つ高耐久性能を最大限発揮させる管理が重要であり,そのために,版として使い続けることができるよう構造的弱点となる目地部を中心に点検・診断し,ひび割れ等は版として構造機能に影響がないか診断することが重要である。

6－2－1　診断者

コンクリート舗装の損傷の程度を適切に診断できる技術者とする。なお,国土交通省では,一定水準の技術力等を有する民間資格を,「国土交通省登録資格」として登録する制度を平成26年度より導入している。平成30年2月現在,舗装分野の診断業務では,主任点検診断士,点検診断士,舗装診断士,RCCM(道路)の4つの資格が登録されているので参考にされたい。

6－2－2　診断区分

損傷の状況に基づき,損傷レベルを3段階で評価し診断する。コンクリート舗装の診断区分の考え方は**表-6.2.1**のとおりである。診断結果は,Ⅰ:健全,Ⅱ:補修段階(版としての構造機能が今後損なわれていく可能性がある),Ⅲ:修繕段階(版としての構造機能が損なわれている可能性が高い)の大きく3つに区分される。なお,採用する点検手法の精度や管理している道路の実情等を踏まえ,各診断区分の閾値については各道路管理者で検討して設定するとよい。

表－6.2.1　コンクリート舗装の診断区分

診断区分		状態
Ⅰ	健全	損傷レベル小：目地部に目地材が充填されている状態を保持し，路盤以下への雨水の浸入や目地溝に土砂や異物が詰まることがないと想定される状態であり，ひび割れも認められない状態である。
Ⅱ	補修段階	損傷レベル中：目地部の目地材が飛散等しており，路盤以下への雨水の浸入や目地溝に土砂や異物が詰まる恐れがあると想定される状態，目地部で角欠けが生じている状態である
Ⅲ	修繕段階	損傷レベル大：コンクリート版において，版央付近又はその前後に横断ひび割れが全幅員にわたっていて，一枚の版として輪荷重を支える機能が失われている可能性が高いと考えられる状態である。または，目地部に段差が生じたりコンクリート版の隅角部に角欠けへの進展が想定されるひび割れが生じているなど，コンクリート版と路盤の間に隙間が存在する可能性が高いと考えられる状態である

（1）損傷の種類と診断区分

　コンクリート舗装の点検結果をもとに，コンクリート舗装の個別の損傷の種類と診断区分（健全度損傷レベル）を判断するための目安について以下に記述する。なお，損傷の種類別の診断区分の目安の例を「**付録-20　コンクリート舗装の健全度の診断区分の目安例**」に示す。なお区分Ⅲと診断された一枚の版として輪荷重を支える機能が失われている可能性が高いと考えられる場合やコンクリート版と路盤の間に隙間が存在する可能性が高いと考えられる場合は，FWD たわみ量調査，コア抜き調査，開削調査等の詳細調査を実施し，修繕の必要性の有無を判断する措置を講じる。

　1）目地部の損傷

　　①　目地材のはみ出し，飛散

　　　目地部の点検結果からの診断区分の目安例を**表-6.2.2**に示す。

表-6.2.2 目地部の状態（目地材のはみ出し，飛散）による診断区分の目安例

診断区分	判断の目安（目地材のはみ出しや飛散の程度）
診断区分Ⅰ（健全） 損傷レベル小	目地材が充填されている。もしくは，はみ出しや飛散が無い状態である。
診断区分Ⅱ（補修段階） 損傷レベル中	目地材の損失，はみ出し，飛散があり雨水の浸入や目地に土砂や異物が詰まる恐れがあると想定される状態である。
診断区分Ⅲ（修繕段階） 損傷レベル大	目地材がほとんど無い状態で目地部から細粒分が噴出している状態である。

② コンクリート版の角欠け

コンクリート版の角欠けの点検結果からの診断区分の目安例を**表-6.2.3**に示す。なお，診断区分Ⅲ（修繕段階）損傷レベルが大と診断された場合は，「6-2-5 詳細調査」を行い，空洞の有無を診断することも必要である。

表-6.2.3 コンクリート版の角欠けによる診断区分の目安例

診断区分	判断の目安
診断区分Ⅰ（健全） 損傷レベル小	角欠けが無い状態である。
診断区分Ⅱ（補修段階） 損傷レベル中	角欠けがあるが細粒分が噴出していない状態である。
診断区分Ⅲ（修繕段階） 損傷レベル大	角欠けがあり細粒分が噴出している状態，またはコンクリート版が走行荷重によってがたついている状態である。

2）目地部の段差

目地部やひび割れ部の段差は，路盤以下の損傷がないかの判定指標となる。その診断区分の目安例を**表-6.2.4**に示す。診断区分Ⅲ（修繕段階）でコンクリート版としての構造機能が損なわれていると診断された場合は，構造調査（「6-2-5 詳細調査」を参照）を行って路盤以下の損傷程度を診断する必要がある。なお，段差発生プロセスの説明を「**付録-21**

-76-

段差およびエロージョンの発生メカニズム」に示す。

表－6.2.4 段差による診断区分の目安例

診断区分	判断の目安
診断区分Ⅰ（健全） 損傷レベル小	段差が目視レベルで確認できない状態である。
診断区分Ⅱ（補修段階） 損傷レベル中	診断区分Ⅱに該当する損傷レベルはない。段差の損傷レベルは，健全である診断区分Ⅰか修繕段階の診断区分Ⅲのみである。
診断区分Ⅲ（修繕段階） 損傷レベル大	目視レベルで段差が確認できる状態で荷重伝達機能が不十分であり版としての構造機能が損なわれている状態である。

3）ひび割れ

ひび割れによる診断区分の目安例を表-6.2.5に示す。

表－6.2.5 ひび割れによる診断区分の目安例

診断区分	判断の目安
診断区分Ⅰ（健全） 損傷レベル小	ひび割れが確認できない状態である。
診断区分Ⅱ（補修段階） 損傷レベル中	ひび割れがあり，目視で目立つ状態で路盤以下へ雨水の浸入等が想定される状態である。なお，版としては構造機能は損なわれておらず健全と想定される状態である。
診断区分Ⅲ（修繕段階） 損傷レベル大	ひび割れがコンクリート版中央付近またはその前後に全幅員にわたって入っている状態で，ひび割れの一部が貫通し，荷重伝達機能が不十分である可能性がある状態で，版としての構造機能が損なわれている状態である。

6－2－3 診断方法

舗装の診断においては，点検で得られた情報により，路盤の保護の観点から損傷レベルを「6-2-2 診断区分」に従い3段階で評価する。診断はコンクリー

トの種類，構造，目地の役割，版の荷重伝達の仕組み，鉄筋・鉄網の役割等について「舗装点検必携」や「コンクリート舗装ガイドブック2016」等を参照し，損傷の状態と原因を把握し舗装の現状を適切に評価する。コンクリート舗装の損傷は，目地やコンクリート版に損傷原因があり，それのみが損傷しているもの，下の路盤が損傷したことが原因で目地の段差やひび割れが進行して舗装の構造機能が直接的に阻害されて耐久性に影響を及ぼしている場合がある。よって，舗装の点検結果を踏まえて損傷の程度から路面損傷か構造損傷かをコンクリート版ごとに診断し，補修・修繕の検討を行うことが重要となる。

診断区分に分類したときに，損傷状態と環境条件（気象条件，交通条件等）を照らし合わせ，舗装の損傷要因が推定できる場合は，措置において補修計画・修繕設計を検討する際の重要な情報として活用できるため，適宜記録しておくとよい。

6−2−4　結果の整理

結果の整理は，コンクリート版ごとに損傷の種類と診断区分が分かるようにする。診断を行った結果については，「6−4　記録の方法」を参考に，点検結果と同様に記録する。

6−2−5　詳細調査

（1）詳細調査実施の判断

点検・診断で診断区分がⅢ（損傷レベル大）と診断された場合は，詳細調査が必要である。

詳細調査が必要な場合の損傷形態の目安となる写真の例を「**付録-22　詳細調査が必要なコンクリート版の損傷形態の例**」に示す。

（2）詳細調査の方法

詳細調査は，コンクリート版の支持力や版の荷重伝達，内部を構成する層の損傷状態，版下の空洞（隙間）の有無を確認するために行う。詳細調査は，FWD調査，切り取りコアの調査，開削調査が一般的に行われている。それぞれについては以下に示すが，各調査の事例等について「**付録-23　コンクリート版の詳細**

調査の例」に示す。

なお，構造調査の調査結果は，損傷範囲や損傷要因の特定・推定に活用することができるため，措置における修繕工法の選定や設計の参考資料となる。

1）FWD たわみ量調査

FWD でたわみ量を測定することで，ひび割れ部や目地部の荷重伝達率や路盤支持力を推定する。

これら調査結果をもとに当該箇所の補修・修繕工法の選定を行うことになる。

2）コア抜き調査

コア抜き調査により，コンクリート版内部の状態として鉄筋（鉄網）の腐食程度やコンクリート版下の状態（空洞の有無など）などを把握することが可能で，コンクリート版下面の状態をより構造的に踏み込んだ診断が可能となる。

3）開削調査

開削調査は，大がかりな調査となるが以下の①〜③に示すような時に行う。

① コア抜き調査やFWDたわみ量調査でコンクリート版下の状態（空洞の有無等）やひび割れ部の荷重伝達性などが確認できない場合

② 路面性状でひび割れや段差，目地の損傷が激しく，一枚の版として輪荷重を支える機能が失われている可能性が高いと考えられる場合

③ 損傷の発生原因の特定が必要不可欠な場合やコンクリート舗装版の下の層の支持力および空洞の有無，ダウエルバーやタイバーの損傷を詳細に診断する場合

開削の方法には，カッターによるコンクリート版の切断やウォータージェット等によるコンクリートのはつりがある。詳細な調査方法は，「舗装調査・試験法便覧 S002」を参考にするとよい。

4）その他の方法

その他の方法として，電磁波を用いた技術等を用いることで，コンクリート版下の空洞（隙間）の有無およびダウエルバーやタイバーの損傷を詳細

に診断する方法も開発されている。詳細調査に活用可能な技術の開発動向の情報も収集し，有効な手法と判断される場合は採用を検討するとよい。

6－3 措置

コンクリート舗装における措置は，健全性の診断結果に基づいて，長期間にわたってコンクリート版として利用し続けられるよう，必要な措置を講じる。

舗装の補修・修繕を実施する際は，点検・診断結果を踏まえ，損傷の分類（路面損傷，構造損傷）や損傷の程度を的確に評価した上で損傷原因を十分究明し，その原因を排除・解消するような措置を行うことが重要である。また，措置に適用する補修・修繕工法には，使用材料，コスト，環境への影響，耐久性等の面で異なった特性を有することから，工法の組み合わせによる効果やそれぞれの工法の特性を把握したうえで工法を選定することも重要である。

6－3－1 措置の考え方

使用目標年数を設定しないコンクリート舗装の場合，点検・診断の結果に基づき，舗装の修繕が効率的に実施されるよう，必要な措置を講じる。

診断区分ごとの具体的な対応を以下に示す。

区分Ⅰ（健全）：損傷レベル小

　措置を必要としない

区分Ⅱ（補修段階）：損傷レベル中

　部分的補修措置を講じる

区分Ⅲ（修繕段階）：損傷レベル大

　一枚の版として輪荷重を支える機能が失われている可能性が高いと考えられる場合は，荷重伝達機能を評価するFWDたわみ量調査などの詳細調査を実施し，適切な措置を講じる。コンクリート版と路盤の間に隙間が存在する可能性が高いと考えられる場合は，コア抜き調査等の詳細調査を実施し，適切な措置を講じる。

措置は，点検・診断結果に基づく診断区分と損傷の種類に応じて実施する。さ

-80-

らに,詳細調査が行われている場合には,その結果を踏まえて措置を実施する。「舗装点検必携」には,コンクリート舗装の各種の損傷形態や個別の損傷事例についての措置の考え方が記載されているので,実際の現場で発生している損傷と照らし合わせて損傷形態を特定し,その発生原因を把握する。

また,コンクリート舗装の損傷の主なものには,目地部の損傷,段差,ひび割れがあげられる。損傷の種類や発生形態によっては,複数の要因が相互に影響し,損傷の発生原因となっている場合もある。複数の損傷が存在する場合は,それぞれの損傷の特徴や程度に応じて1つの工法で措置を行うか,あるいは組み合わせて措置を行うかの検討を行う必要がある。

6－3－2 措置における工法選定の考え方

（1）工法の選定

コンクリート舗装の措置に適用する工法は,損傷の程度や分類に応じて選定する。

表-6.3.1に,各診断区分に対する一般的な工法を,**表-6.3.2**に,コンクリート舗装の損傷と診断区分に応じた工法の例を示す。

措置に用いるこれらの工法の具体的な内容については,日本道路協会の各種指針や便覧ならびにガイドブック,新技術情報提供システムや各工法に関する資料および文献を参考にするとよい。**表-6.3.2**に示す工法以外にも,適切で有効な工法や新技術・新工法がある場合には,十分に情報を収集し,損傷に対する効率性や有効性等を見極めたうえで採用の可否を検討する。

なお,コンクリート舗装またはコンクリート版の上にアスファルト混合物によるオーバーレイを適用することで,修繕の結果としてコンポジット舗装となった場合,その舗装はアスファルト舗装に分類されるため,アスファルト舗装のメンテナンスサイクル（第4,第5章参照）に沿った管理が必要となる。

ただし,アスファルト混合物によるオーバーレイを施すと,下層のコンクリート版が点検しにくくなり,コンクリート舗装またはコンクリート版の高耐久性能を生かせなくなる場合もある。例えば,バーステッチなどのひび割れ部の荷重伝達機能を回復する措置をせずに,損傷しているコンクリート舗装またはコンク

-81-

リート版の上にアスファルト舗装でオーバーレイしてコンポジット舗装としても長期の耐久性は得られない。このように，コンクリート版を路面に出したまま適宜点検したほうが管理しやすい面がある。一方で，アスファルト混合物によるオーバーレイにも乗り心地の改善や補修・修繕の容易さなどの利点があることから，メリット・デメリットを十分に勘案して適切に選択することが重要であり，安易なオーバーレイの適用は望ましくない。

表－6.3.1　各診断区分に対する一般的な工法

診断区分	一般的な工法
区分Ⅰ：健全	－
区分Ⅱ：補修段階	対目地損傷：シーリング工法 注）目地部に土砂詰りがある場合は，それを撤去した上で実施 対目地部角欠け：パッチング工法，シーリング工法
区分Ⅲ：修繕段階	詳細調査・修繕設計を実施した上で以下の措置を行う 荷重伝達機能の低下：バーステッチ工法，目地部の局部打換え コンクリート版と路盤との間の隙間：注入工法 版の構造的な終焉：コンクリート版打換え工法，コンクリート版局部打換え工法 アスファルト混合物によるオーバーレイ工法 注）既設版処理やリフレクションクラック対策をした上で実施

-82-

表−6.3.2　コンクリート舗装の損傷と診断区分に応じた適用工法の例

コンクリート舗装の損傷		損傷の分類	区分Ⅱ：補修段階		区分Ⅲ：修繕段階					
			パッチング工法	シーリング工法	バーステッチ工法	注入工法	打換え工法	局部打換え工法	オーバーレイ工法
目地部の破損	はみだし・飛散	路面	−	○	−	−	−	−	−
	角欠け	構造	○	−	−	○	−	−	−
	段差 (エロージョンの発生)	構造	−	−	−	−	○	○	−
ひび割れ		構造	−	○(注)	○	−	○	○	○

注）連続鉄筋コンクリート舗装はひび割れの開きが0.5mmを超える場合に適用を検討するとよい

（2）修繕設計

　診断区分Ⅲは詳細調査を実施し，詳細調査の結果を踏まえた修繕設計を実施する。詳しくは，「コンクリート舗装ガイドブック2016」ならびに「舗装の維持修繕ガイドブック2013」等を参考にするとよい。

（3）経済性の検討

　工法選定にあたって複数の候補が考えられる場合は，LCCを考慮した経済性を検討すべきである。なお，「舗装の維持修繕ガイドブック2013」にLCCを考慮した設計の考え方が示されているので参考にするとよい。

6−3−3　措置の実施

　補修工事や修繕工事は，通常，供用中の道路において行われるものであり，工事の内容，規模，条件等は新設工事と異なるので，選定した工法の特徴や内容を十分理解したうえで，効率的に実施することが重要である。また，補修工事や修繕工事の作業内容が多種多様であり，一回の施工規模が小さい場合が多いので，綿密な施工を計画し，その計画に基づき所定の品質や出来形が確保できるように施工することが大切である。同時に，交通規制時の渋滞発生等，交通への影響を最小限にするとともに，道路利用者や第三者等への安全確保にも十分留意するこ

とが求められる。

6－3－4　措置後の出来形・品質の確認

　措置後の舗装の出来形・品質を確認する。現地での品質確認が困難な場合は，使用材料などの品質を確認する。これらの確認方法等は，日本道路協会の各種指針や便覧ならびにガイドブックを参照する。

6－3－5　結果の整理

　措置を行った結果については，「6－4　記録の方法」を参考に，点検・診断結果と同様に記録する。また，「舗装の維持修繕ガイドブック2013」に，措置に関する詳細な記録様式が記載されているので参考にするとよい。

6－4　記録の方法

　点検，診断，措置の結果は，メンテナンスサイクルを運用する上で貴重な情報となるものであり，当該舗装が供用されている期間は保存する必要がある。これらの情報は，点検，診断，措置の各段階で最適な区間分けを検討し必要に応じて修正して記録する。また，記録作業を煩雑化させないためには現状に適した記録様式を定めシステム化する工夫が必要である。

6－4－1　記録内容

　6－1－1で示した情報の他，点検，診断や措置の実施に際して得られる点検結果，健全性診断の結果，詳細調査の結果，措置の内容，舗装構成等の情報をコンクリート版ごとに記録する。また，予算計画に反映するため，点検，診断，措置に要した費用を道路別に整理しておく。

6－4－2　記録の更新

　記録については，可能な限り基本諸元等の項目も含め新たな情報が得られる都

度，追記あるいは更新・蓄積する。また，目地部の損傷や段差，ひび割れ等については その変化が分かるように整理する。

６－４－３　記録の保存期間

基本的に当該舗装が供用されている間は保存し適宜更新する。なお，舗装構造を含む抜本的な修繕が行われた場合でも修繕前の構造における損傷の進行との比較データが得られるので，舗装が供用されている期間は保存しておくことが望ましい。

６－４－４　記録様式

記録様式の設定に際しては，例えば直轄国道では**表-4.4.1**で示した情報，点検，診断，措置の記録様式と，**表-4.4.2**に示した写真を格納する記録様式が定められているので参考にするとよい。記録は電子データとして各段階の担当者が入力する。また，実態に応じて電子データを使用せず紙媒体のファイリングなどの手法でも可とする。この際，担当者の交代による影響を受けないよう管理年度別に同じインデックスを用いて整理し，伝達すべき注意事項や写真で記録した場合はその意図をメモ等で解説した記録を残しておくとよい。

なお，コンクリート舗装に特化した記録様式の一例（連続鉄筋コンクリート舗装以外）を「**付録-24**　コンクリート舗装のメンテナンス記録様式の例（連続鉄筋コンクリート舗装以外)」に示す。

6-5 メンテナンスサイクルフロー

コンクリート舗装のメンテナンスサイクル（点検，診断，措置および記録）フローは，図-6.5.1に示すとおりである。

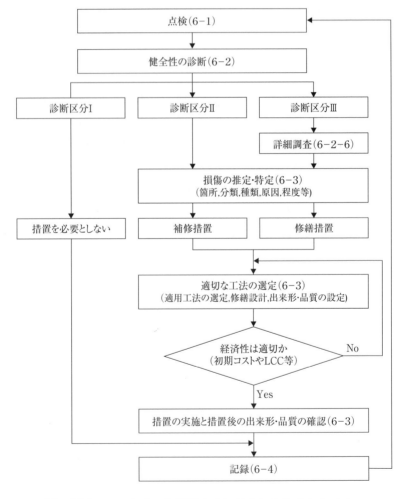

図-6.5.1 コンクリート舗装のメンテナンスサイクルフロー

付録－1　道路の分類の例

　道路管理者による道路の分類の例として，都道府県および市町村を想定した道路の分類と見直しの例を以下に示す。ここで，分類Bは，大型車交通量が多い道路，舗装が早期劣化する道路，その他道路管理者が同様の管理とすべきと判断した道路，分類Cは，大型車交通量が少ない道路，舗装の劣化が緩やかな道路，その他道路管理者が同様の管理とすべきと判断した道路，分類Dは生活道路などを基本としつつ，各道路管理者の判断で分類する。

1　大型車交通量区分と沿道状況に着目した道路の分類例

　損傷の進行に影響がある大型車交通量区分に着目し分類（**付図-1.1.1 参照**）する。さらに沿道への影響を考慮し沿道状況で道路を分類（**付図-1.1.2 参照**）する。それらを組み合わせ，大型車交通量 N5 以上を分類 B，大型車交通量 N3 以下かつ沿道状況が山地を分類 D，分類 B，D 以外を分類 C と考えた例を**付図-1.1.3** に示す。

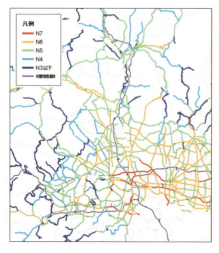

付図-1.1.1 大型車交通量区分による分類

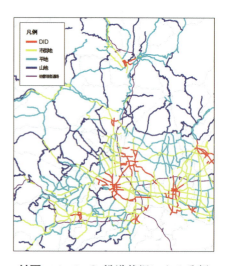

付図-1.1.2 沿道状況による分類

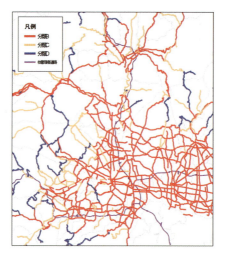

付図-1.1.3 付図-1.1.1と付図-1.1.2を組み合わせた最終的な道路分類例

2　道路種別等に着目した市町村における道路の分類例

　管理延長2,500kmの市において，道路種別や地域における重要性，幅員等に着目し，緊急輸送道路のうち市街地にあり特に重要と思われる路線を分類B，分類Bを除く幹線1級・2級市道のうち車道幅員7m以上の路線を分類C，その他道路（生活道路）を分類Dと考えた例を**付表-1.2.1**および**付図-1.2.1**に示す。

付表-1.2.1　道路の分類例

道路分類	延長km	適用条件
分類B	50km	緊急輸送道路のうち，市街地にあり特に重要な路線
分類C	100km	分類Bを除く幹線1級・2級市道のうち，車道幅員7m以上の路線
分類D	2,350km	その他道路（生活道路）
計	2,500km	市管理延長

付図-1.2.1　市区町村による道路分類例

3 地域における重要性に着目し点検の効率性を考慮した市町村における道路の分類例

　地域における重要性に着目し緊急輸送道路を分類B（**付図-1.3.1参照**）に，バス路線の区間を分類C（**付図-1.3.2参照**）とし，それらを組み合わせる（**付図-1.3.3参照**）。次に，その他路線を分類Dと設定する。さらに近接する同一路線上は同じ区分に分類するなど，点検の効率性を踏まえて調整したうえで最終決定した例である（**付図-1.3.4参照**）。なお，各路線において分類が重複している区間は上位分類とし，また，他の管理者による道路はネットワークの対象としていない。

付図－1.3.1　緊急輸送道路による分類
（管内図に緊急輸送道路の位置図を表現）

付図－1.3.2　バス路線による分類
（管内図にバス路線の位置図を表現）

付図－1.3.3　付図－1.3.1と
付図－1.3.2を組み合わせた道路分類例

付図－1.3.4　付図－1.3.3をもとに
点検の効率性を考慮した最終的な道路分類例

4 道路種別等に着目し分類の見直しを考慮した市町村における道路の分類例

　道路種別や地域における重要性，路線等級に着目し緊急輸送道路および大型車交通量 N_3 以上を分類 B，大型車交通量 N_3 以下および分類 B を除く幹線 1 級・2 級市道を分類 C，生活道路等を分類 D と考えた例を**付表-1.4.1** および**付図-1.4.1** に示す。

　分類 B，C の中でも重要度によっていくつかの区分を設定し，『+』や『-』を付与した分類とすることによって，点検実施後に路線の入れ替えなどの見直しを行うときの目安とする。『+』は道路の分類の中でも上位の路線，『-』は道路の分類の中でも下位の路線と位置付け，道路の分類を見直す場合には，分類 B の「B-」と分類 C の「C+」の入れ替え等を検討する。

付表－1.4.1　見直しを考慮した道路の分類例

道路分類		適用条件	路線	備考
分類 B	B+	緊急輸送道路	Ⅰ 001 線，Ⅱ 012 線，Ⅲ 105 線，Ⅲ 410 線	分類 B で管理
	B	N_4 交通以上	Ⅰ 003 線，Ⅱ 016 線，Ⅲ 115 線，Ⅲ 128 線	分類 B,C の中でも重要度によっていくつかの区分を設定
	B-	$N_3 - N_4$ 交通	Ⅰ 008 線，Ⅱ 010 線，Ⅲ 189 線，Ⅲ 328 線	
分類 C	C+	$N_2 - N_3$ 交通	Ⅰ 005 線，Ⅱ 020 線，Ⅲ 114 線，Ⅲ 219 線	
	C-	分類 B を除く幹線1 級・2 級市道	上記以外の 1,2 級路線	
分類 D	D	その他道路	その他道路（生活道路）	分類 D で管理

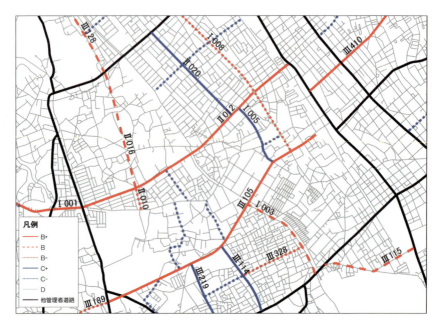

付図-1.4.1　見直しを考慮した道路の分類例
（重要度に応じて『+』や『-』を付与）

付録－2　管理基準の概念

　舗装の管理基準は，その水準により，道路利用者等の安全性や快適性等のユーザーサービス，舗装の構造体としての健全性から必要となる補修工法，管理のために必要となる予算や体制，補修工事に伴う渋滞等の社会的損失等，様々なことに影響を与える。そのため，道路の役割や性格を踏まえ，各道路管理者が設定するものである。

　舗装の管理基準を考える際には，一般的に道路構造物に求められる「道路資産保全の視点」とともに「ユーザーサービスの視点」が重要となる。ユーザーサービスの視点から舗装に求められる性能としては，大きくは，道路利用者・沿道住民の観点から安全性，円滑性，快適性，環境があげられる。また，道路資産保全の視点として耐久性を考えることができる（**付図-2.1参照**）[1]。

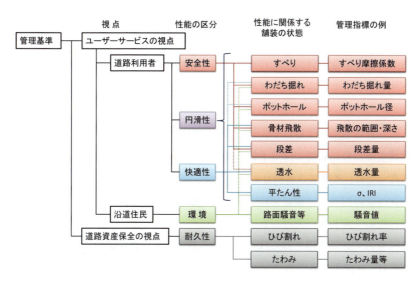

付図－2.1　管理基準の概念[1]より作成

さらに，舗装管理を行うためには，その状態を適切に表現し，かつ当該道路の管理者がモニタリング可能な指標を設定していく必要がある。ユーザーサービスの視点である安全性，円滑性，快適性，環境を評価するために計測可能な指標は，すべり摩擦係数，わだち掘れ量，段差，平たん性，騒音値等が考えられる。また，道路資産保全の視点である耐久性を評価するために計測可能な指標は，ひび割れ率，FWDによるたわみ量等が考えられる。

点検要領に基づくメンテナンスサイクルにおいて，管理基準はアスファルト舗装で措置を行うための指標となり，道路管理者が適切に設定しなければならない。

また，管理基準値の設定では，一般的に次の事項が考えられる。

① 「安全性の観点からの限界値として，これより下回ることができない基準」として設定する値

② 「一定レベルのサービス等を提供するとともに，舗装としての健全性を効率的に確保することが望ましい目安」として設定する値

③ 「修繕を必要とする舗装状態の目安」や「修繕の優先順位を決定するための目安」として設定する値

①は概念的に考えられるが，安全性が限界となる舗装の状態を定義し，限界値を示すことは極めて困難である。また，点検要領は「安全性に関連する突発的な損傷（ポットホール等）対応については，巡視等により発見次第対応すべき事象であり，長寿命化を目的とした点検要領とは性格が異なることから本要領の対象外とする」としているため，管理基準の指標としては，②，③が一般的となっている。

また，管理基準の指標はその値により道路利用者等へのサービスレベルや舗装を管理するために必要となる予算に影響を与える。そのため，管理基準値の設定にあたっては，考慮すべき項目の例として，「路面状態の水準と道路利用者のサービスレベルの関係」，「道路条件，地域条件などの区分」，「目標を維持するために必要となる予算」等があげられる。

点検要領では，点検で得られた情報から舗装の健全性を適切に診断することが求められ，診断する場合の目安が管理基準値であり，上記の③に近いものである。

なお，点検要領では，分類Bのアスファルト舗装で管理基準の基本とする指

標は，ひび割れ率，わだち掘れ量および IRI の 3 指標とされており，それぞれ単独指標（舗装の状態を舗装の持つ性能と関連づけて説明する指標）であるが，複数の管理指標の値を一定の換算式等により総合化して舗装の状態を評価する指標（複合指標）も存在する。複合指標は，舗装の状態を一つの指標により評価することが可能であるため，マクロ的な舗装の状態や舗装の状態が悪化した複数の箇所について補修・修繕の優先順位等を評価する際に有用であるが，それらの評価値は舗装の性能との関係が不明確になる特徴がある。

【参考文献】

1）藪雅行，石田樹，久保和幸，田高淳，舗装の管理目標設定の考え方，土木技術資料 VOL50 No.2 P6-11，2008

付録-3 管理基準値の設定に関する技術的知見

1 ひび割れの管理基準値の設定に関する知見

1-1 道路管理者の視点から見た望ましい水準

　平成9年度に直轄国道の道路管理者に，舗装の性状がこれを下回らないことが望ましい管理水準とこれ以上の性状の低下を見過ごせない管理水準についてアンケート調査を実施し，報告がなされた[1]。

　直轄国道の管理者が望ましいと感じている管理水準は，平均ひび割れ率22%，最頻値ひび割れ率20%となっている（付図-3.1.1参照）。また，見過ごせないと感じている管理水準は平均35%，最頻値30%となっている。

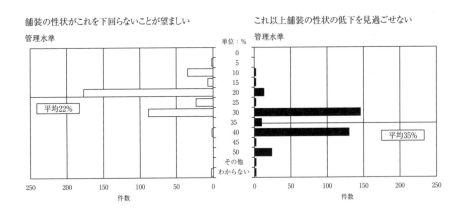

付図-3.1.1　アンケート調査結果（ひび割れ）[1]

1-2 ひび割れと修繕工法の関係

昭和55年度において建設省東北,関東,北陸,中部,近畿各地方建設局の修繕工事が予定されている箇所について,修繕工法別,供用年数別,路面特性値の階層別に修繕工法に関する調査が実施されている[2]。

この調査結果を元に,ひび割れ率ごとの修繕工法に占める打換えの割合を整理すると以下のとおりである。ひび割れ率40%以上で打換えの比率が20%を超過している。また,ひび割れ率50%以上で,打換えの比率が35%を超過している(**付図-3.1.2参照**)。

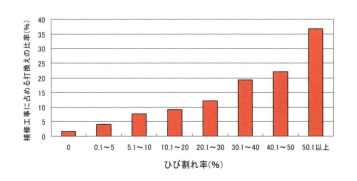

付図-3.1.2 舗装工事における打換えの比率[2]

1-3 ひび割れと路盤弾性係数の関係
(路盤の構造的健全性の低下に関する検討)

路盤層の破壊の一因として考えられていることに,路盤層への雨水の浸入があげられる。舗装路面のひび割れが増加することによって,ひび割れから路盤層に雨水が浸入し,交通荷重の載荷・除荷サイクルにより路盤材の細粒分が載荷点付近の路盤上面に吸い上げられ,泥濘化領域を形成することにより路盤層の支持力

低下（破壊）を招くと考えられる。よって，舗装路面のひび割れ率と路盤層の破壊には関係があると考えられることから，既往の調査結果より，上記の関係性を確認した[3]。

付図-3.1.3より，バラつきはあるもののひび割れ率の増加と共に路盤層弾性係数が低下する傾向がうかがえ，特にひび割れ率40％を概ねの境としてその傾向が顕著である。参考までに，ひび割れ率40％以上のデータを抽出し，直線回帰したものを付図-3.1.4に示す。

このように，供用年数経過によるひび割れ率の増加に伴い，路盤層の構造的健全度が低下していくことが分かり，ひび割れ率40％を超えると路盤層が損傷するため，路盤層以下からの打換えが必要となる場合がある。

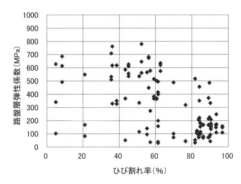

付図－3.1.3　ひび割れ率と路盤層弾性係数の関係[3]

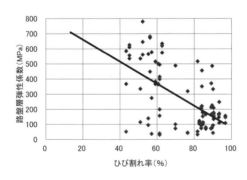

付図－3.1.4　ひび割れ率と路盤層弾性係数の関係（ひび割れ率４０％以上）[3]

2 わだち掘れの管理基準値の設定に関する知見
   (車両の操縦安定性に関する既存研究)

　ドライビングシミュレータを用いて，被験者によるわだち掘れ量の評価実験を実施した研究事例である（**付図-3.2.1，付図-3.2.2参照**）[4]。

　わだち掘れ量が大きくなるほど乗り心地および安心感の評価値は低下し，また，走行速度が増加するほど低下する傾向を示している。なお，凡例にある湿潤は，湿潤路面の状態を指している。60km/hの場合にはわだち掘れ量が40mmを超えると不安感があると評価される割合が増加する傾向がみられる。

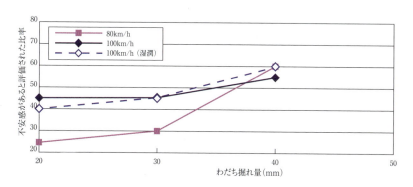

付図－3.2.1　評価実験結果（v=80km/h 以上）[4]

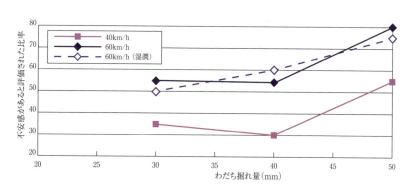

付図－3.2.2　評価実験結果（v=60km/h 以下）[4]

3 IRI の管理基準値の設定に関する知見
（ドライビングシミュレータによる乗り心地評価実験）

ドライビングシミュレータを用いて，被験者による乗り心地評価実験を実施した。路面凹凸の程度は 5 段階（IRI=1.0 〜 5.0mm/m）とし，走行速度は 3 段階に設定した（60，80，100km/h）。被験者は自身で運転操作を行い，走行終了直後に乗り心地と安心感を 5 段階（良い，やや良い，どちらともいえない，やや悪い，悪い）で評価してもらった。

実験の結果，路面の平たん性が悪化するほど乗り心地および安心感の評価値は低下し，また，走行速度が増加するほど低下する傾向を示した。IRI 評価区分として，被験者の 50％以上が乗り心地を 5 段階中の「悪い」と評価した IRI，および被験者の 50％以上が走行時の安心感を 5 段階中の「危険」とした IRI を走行速度別に**付表-3.3.1**に示す[4]。

付表－3.3.1　評価実験結果[4]

IRI	走行速度		
	60km/h	80km/h	100km/h
概ね 7.0	概ね 50% が 危険を感じる※		
概ね 6.5		概ね 50% が 危険を感じる※	
概ね 4.5	概ね 50% が乗り心 地を悪いと感じる	概ね 50% が乗り心 地を悪いと感じる	
概ね 3.5			概ね 50% が 危険を感じる※
概ね 3.0			概ね 50% が乗り心 地を悪いと感じる

※回帰式による推定値

【参考文献】

1）建設省，舗装の計画的管理手法に関する調査研究，第 52 回建設省技術研究報告，P22-4-P22-7，1998

2）建設省，舗装の管理水準と維持修繕工法に関する総合的研究，第 34 回建設省技術研究報告，P355-P358，1979

3）土木研究所道路技術研究グループ（舗装）：13.7 既設舗装の長寿命化手法に関する研究，国立研究開発法人土木研究所平成 23 年度プロジェクト研究報告書

4）藪雅行，石田樹，久保和幸，田高淳，舗装の管理目標設定の考え方，土木技術資料 VOL50 No.2 P6-11，2008

付録-4　使用目標年数の設定事例

使用目標年数は，各道路管理者がアスファルト舗装の表層を使い続ける目標期間として設定する年数である。

1　性能低下予測式を用いた使用目標年数の設定例[1]

静岡県では，これまでの点検データの蓄積から，グループごとに予測式を作成している（付図-4.1.1参照）。この曲線は，補修により初期値まで回復したひび割れが，予測式によりどう推移していくかを表したものである。

補修工法	グループ	性能低下予測式	初期値
修繕 (打換え又は 表(基)層打 換え)	C_6U	$C_6U_{i+1}=1.06C_6U_i+1.15$	0%
	C_6R	$C_6R_{i+1}=1.02C_6R_i+1.60$	
	C_5U	$C_5U_{i+1}=1.02C_5U_i+1.49$	
	C_5R	$C_5R_{i+1}=1.02C_5R_i+1.65$	
	C_4U	$C_4U_{i+1}=1.02C_4U_i+1.28$	
	C_4R	$C_4R_{i+1}=1.01C_4R_i+1.98$	
	C_3U	$C_3U_{i+1}=1.01C_3U_i+1.97$	
	C_3R	$C_3R_{i+1}=1.01C_3R_i+2.25$	

地域区分 交通量区分	DID	市街地	平地	山地
N_6以上	C_6U		C_6R	
N_5	C_5U		C_5R	
N_4	C_4U		C_4R	
N_3以下	C_3U		C_3R	

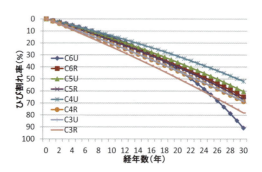

付図-4.1.1　ひび割れ予測式と推移図[1]

静岡県では使用目標年数は参考扱いとしているが，予測式による指標値の推移から，修繕で路面を更新する健全性の区分Ⅲ-1（点線枠）にまで到達する年数

と予防的修繕による延命効果を加味すると**付表-4.1.1**の表（実線枠）に示すとおりとなり，それぞれのグループで使用目標年数は 20 年～ 30 年と設定している。

付表－4.1.1　各グループとそれぞれの使用目標年数（参考値）[1]

交通量区分 ＼ 地域区分	DID	市街地	平地	山地
N6以上	B1		B2	
N5				
N4	B3		B4	
N3以下				

交通量区分 ＼ 健全性の区分	ひび割れ率(%)				表層を更新する水準	使用目標年数
	I	II	III-1	III-2		
B1	15未満	15以上25未満	25以上50未満	50以上	25%	20年
B2	25未満	25以上35未満	35以上50未満	50以上	35%	25年
B3	25未満	25以上50未満	50以上70未満	70以上	50%	30年
B4	35未満	35以上50未満	50以上70未満	70以上	50%	30年

2　点検データから求めた劣化予測を用いた設定例

　一般的に，これまで蓄積した点検データを用いて分析した劣化予測は平均的な劣化速度を示しており，50% の区間が劣化する速さを表している。一方で，ある条件を設定した上で，モンテカルロシミュレーションを用いてひび割れ率 40% に達するまでの舗装の劣化をシミュレーションすると，劣化するまでの年数のバラつきは**付図-4.2.1**のように表すことができる。ひび割れ率 0% の状態からひび割れ率 40% に達するまでに早い区間では 5 年程度，緩やかな区間では 50 年以上かかる場合がある。この例では，平均的な劣化は 27 年でひび割れ率が 40% に達するが，劣化の早い区間 25% のデータは 18 年でひび割れ率が 40% に達する。さらに，劣化の早い 10% の区間では 14 年でひび割れ率が 40% に達することになる。

　このように，劣化のバラつきを定量的に表すことで，表層の供用年数が使用目標年数に到達しないリスクを考慮して使用目標年数を設定することができる。

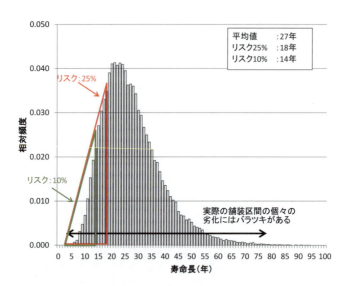

付図-4.2.1　ひび割れ率40%に達する年数のバラつき分布

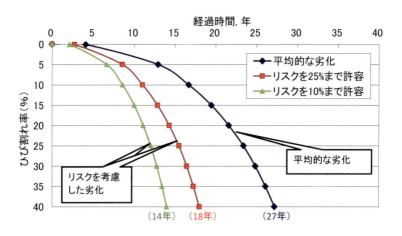

付図-4.2.2　リスクを考慮した劣化予測モデル

【参考文献】
1) 静岡県交通基盤部道路局道路保全課：社会資本長寿命化計画舗装ガイドライン（改定版），平成29年3月

付録－5　点検計画の立案事例

　点検要領に基づくメンテナンスサイクルの構築，運用に向け，管内の道路の点検の実施順序などを定めた年次計画として点検計画を立案する必要がある。

　ここでは，毎年の点検対象延長の平準化や点検の実施しやすさを考慮した点検計画の事例を示す。

【対象となる資産のストック量（管理対象の舗装延長）】
800km（全てアスファルト舗装）

【これまでの点検（調査）実績】
1回（3年前に幹線道路10kmを路面性状測定車による調査を実施）

【道路の分類】
分類B：40km[※1]，分類C：360km，分類D：400km　　合計800km
※1：過去の点検実績を踏まえて幹線道路10kmと緊急輸送道路またはバス路線
　　　等地域にとって重要な路線30kmの合計40kmを分類Bと区分

【アスファルト舗装における管理基準】
分類B（3指標）　　ひび割れ率：40%　わだち掘れ量：40mm　IRI：8mm/m
分類C（1指標）　　ひび割れ率：40%

【分類Bのアスファルト舗装における使用目標年数】
15年（近年の修繕工事における修繕間隔の平均より設定）

【点検手法】
分類B：車上目視[※2]

-105-

分類Ｃ：車上目視

※２：分類Ｂは，車上目視による点検を原則としているものの，交通量が多く車上目視が困難である場合や，過去の修繕履歴から路面の損傷の進行が早い路線である場合，過去の点検結果との整合性を確認したい区間は路面性状測定車を用いた点検を実施

【点検頻度】

分類Ｂ：４年で計画的に一巡

分類Ｃ：８年で計画的に一巡

　以上を踏まえ，分類Ｂは路線数が少ないため路線ごと，分類Ｃは路線数が多いため地域ごとに点検を実施する計画とした（**付表-5.1，付図-5.1**および**付図-5.2** 参照）。

付表－５.１　点検の年次計画

道路分類	点検頻度	点検手法	点検単価 円/km	点検区分	延長 (km)	年度ごとの点検延長 (km)							
						1年目	2年目	3年目	4年目	5年目	6年目	7年目	8年目
B	4年	車上目視	○○	区分1	10	10				10			
				区分2	9		9				9		
				区分3	11			11				11	
				区分4	10				10				10
C	8年	車上目視	××	地域1	44	44							
				地域2	45		45						
				地域3	48			48					
				地域4	47				47				
				地域5	45					45			
				地域6	41						41		
				地域7	43							43	
				地域8	47								47
D	—	巡視	—	—	400	別途巡視計画策定							

-106-

付図-5.1 分類Bの点検年次(路線)

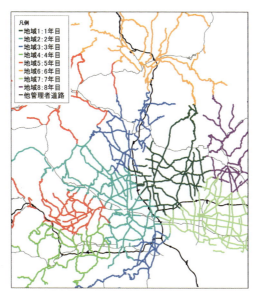

付図-5.2 分類Cの点検年次(地域)

付録－6　補修・修繕計画の立案事例

　点検，診断に基づき計画的な措置を実施するために，補修・修繕計画を立案している地方公共団体は多く，また，計画をホームページなどで公表している事例がある。静岡県の事例を以下に示す。

　付図-6.1に示すように従前の壊れてから修繕を実施した場合（事後保全）の必要な費用は，年度によって30～170億円と大きく変動する。特に，現状で既に管理基準値を超えているが補修ができていない箇所をすべて初年度に補修する場合には膨大な補修費が必要となり，予算を確保することは困難である。そのため，これまでの予算を考慮して，平準化した予算で管理する計画が必要となる。計画的に補修を行う場合には，シール材注入工等の補修を実施し延命化させる（予防保全）ことにより，従前の管理方法と計画的な管理方法と比較すると，40年の平均的な路面性状は同等でありながら，LCCは約15％のコスト縮減が見込めるという算定結果が得られている。

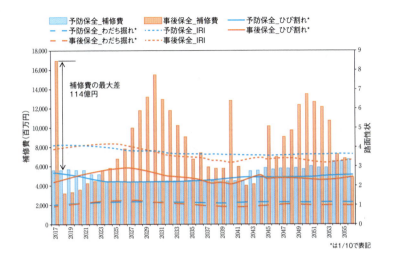

	40年間のトータルコスト												LCC削減率(%)
	予防保全管理						事後保全管理						
道路管理者費用(百万円)	残存価値(百万円)	道路利用者費用*(百万円)	LCC(百万円)	路面性状（40年平均）			道路管理者費用(百万円)	残存価値(百万円)	道路利用者費用*(百万円)	LCC(百万円)	路面性状（40年平均）		
				ひび割れ率(%)	わだち掘れ深さ(mm)	IRI(mm/m)					ひび割れ率(%)	わだち掘れ深さ(mm)	IRI(mm/m)	
205,043	46,632	263,179	421,590	23.6	11.1	3.7	335,555	73,147	236,776	499,184	24.6	10.3	3.6	15.5

* 道路利用者費用は車両走行費を計上

付図－6.1　補修費および路面性能の推移[1]

【参考文献】

1）静岡県交通基盤部道路局道路保全課：舗装中期管理計画，平成29年3月

付録-7　補修・修繕計画の公開や検証

　国土交通省では，点検要領の検討に際し，地方公共団体に対して舗装管理に関するアンケート調査を実施している。その結果，舗装の修繕実施の判断基準に関しては住民からの要望によるものが7割以上を占めていた（**付図-7.1参照**）。都道府県では，舗装に関して管理基準を設定して修繕の判断基準としている率も高いが，小規模な地方公共団体なほど，住民からの要望に左右される傾向が明らかとなった。このことは，計画的な舗装の修繕の必要性が高いということを意味している。

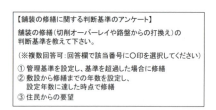
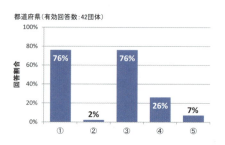
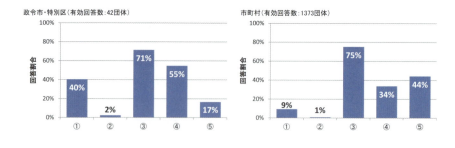

付図-7.1　修繕の判断基準に関する地方公共団体アンケート結果

計画的な舗装管理に向けては，道路ユーザや住民，納税者との合意形成も必要である。そのためには，点検要領に基づいて舗装の中長期的な補修・修繕計画を立て，ホームページで公表するなどの積極的な情報発信が重要となる。中長期的な補修・修繕計画の策定のイメージを**付図-7.2**に示す。

　まずは点検，診断および措置の記録を「見える化する」ということが重要である。例えばGISソフトを用いて点検，診断の結果を路線図に状態表示すれば，一目瞭然でどこが悪いか判断できることとなる。そして，この結果に基づいて補修・修繕費用を積み上げれば，予算の必要性を説明する資料となる。また，舗装の状態の良否に加え，点検計画時に定めた路線の優先順位を示して情報公開する（見える化する）ことで，地域住民に対して予算配分の透明性を示すことができるようになる。

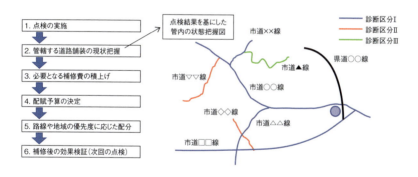

付図-7.2　舗装の中長期的な補修・修繕計画策定のイメージ

　このような点検，診断，措置，および記録のメンテナンスサイクルを構築・運用していくことで，補修後の舗装の状態変化が把握でき，最終的には舗装の損傷進行の予測が可能となる。舗装の損傷予測が可能になれば，予測結果に基づいた客観的かつ合理的な予算措置と中長期的な道路管理計画の策定（**付図-7.3参照**）が可能となり，戦略的に予算軽減を図るといった取組も可能となる。

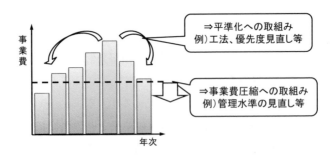

付図－7.3 補修・修繕計画の検証，最適化への取組みイメージ

付録－8　車上目視による点検の例

1　点検者

アスファルト舗装の損傷程度を適切に点検できる技術者とする。なお，点検を実施する際に判断基準等のばらつきを少なくするよう，事前に点検者間で判断基準を統一する等の試行点検を実施することが望ましい。

2　準備すべきもの

現地での点検を円滑に行うために，車上目視による点検の実施に先立って，対象路線の道路台帳附図を準備する。また，調査対象区間の起終点においては，必要に応じてマーキングを行うことで位置の正確性を確保する。

以下に点検に必要なものの例を示す。

・位置情報（対象区間の起終点情報，道路台帳附図，トンネルや橋梁の位置や名称など）・筆記用具，記録用紙（損傷の種類・位置，損傷の程度などを記録できるもの）
・車線数情報
・「舗装点検必携」
・損傷レベルの段階を現場で判断できる写真（基本は点検要領，「舗装点検必携」を参考にするが，独自に作成しているものがある場合はそちらを利用してもよい）
・これまでの路面点検結果
・ウォーキングメジャー
・メジャーやスケール等
・ビデオカメラまたはドライブレコーダ（映像，位置情報が記録できるもの）

3　点検項目

点検項目は，道路管理者が設定した管理基準に照らし，損傷レベルを 3 段階等に区分できるような点検手法を採用するとよい。なお，3 指標と合わせて，その他指標や，複合指標（MCI など）を用いて評価してもよい。

3−1　ひび割れ率

アスファルト舗装におけるひび割れとは，舗装表面に亀裂が入る現象である。ひび割れの種類としては，線状（縦方向，横方向），亀甲状があり，連続的に発生するものや局部的に発生するものがある。ひび割れ率の算出は，メッシュ法を用いて，単位面積あたりのひび割れの発生状況を数値化して評価するものであるが，目視による点検の場合は，点検要領等の事例を参考にして，ひび割れ率を数値化した後に，損傷レベルを区分して評価する。

3−2　わだち掘れ量

わだち掘れは，車輪が通過する位置に縦方向に生じる連続的な凹みをいう。わだち掘れが大きくなると，ハンドルが取られて車の操縦安定性が低下し，雨天時には凹みに滞水した水が跳ね上げられ，運転手の視界阻害や歩行者・沿道住民への泥はねの原因になる。わだち掘れ量は，わだち（外側および内側）の最深部の深さを測定し，区間当たりの平均値もしくは最大値を用いて評価するものであるが，目視による点検の場合は，点検要領等の事例を参考にして，わだち掘れ量を数値化した後に，損傷レベルを区分して評価する。

3−3　IRI

快適な交通の確保をするために，車両の進行方向に発生した凹凸を点検する。縦断方向の凹凸は，供用に伴うひび割れ，わだち掘れや路床・路盤などの支持力の低下による不等沈下，構造物と舗装の接合部における段差や，補修箇所の路面凹凸など様々な要因により発生する。

縦断方向の凹凸の評価指標については，従前より国内で用いられてきた平たん性σと，1989年に世界銀行が提案したＩＲＩとがある。点検要領では，分類ＢはＩＲＩを用いることを基本としている。

4　点検手法

点検は，損傷レベルの段階を現場で判断できる写真を利用する等して，舗装の損傷状態を把握する。運転手1名と記録員1名以上で実施，記録員は車両の前方の視認性を考慮して，車両の助手席で点検を行い，調査速度は法定速度以内（30km/h 程度が判断を行いやすい）で実施する。また，一度に3指標の点検が困難と思われる場合は，複数回の計測において，ひび割れ率，わだち掘れ量，IRI の評価をしてもよい。

5　損傷レベル

車上目視による点検は，損傷レベルが変化する箇所を点検者の目視により判断することとなる。判定を実施する際は，点検項目ごとに損傷レベルを3段階等に区分して評価することを基本とするが，より詳細に分析するために，損傷レベルを細分化して計測結果を整理してもよい。このように，点検時に損傷レベルを細分化して判定する場合においても，診断時にはＩ健全，Ⅱ表層機能保持段階，Ⅲ修繕段階といった3つの損傷評価に区分して管理する必要がある。**付表-8.1**に3区分の損傷レベルの例を示す。なお，損傷レベルを区分する場合には，各区分の境界値が重複する場合がある。このため，境界値を用いて損傷レベルを区分する場合は，周辺の路面状況を考慮して損傷レベルを判断するとよい。また，損傷の特徴，発生原因，写真については，点検要領，「舗装点検必携」を参考にする。

付表－8.1 3区分の損傷レベルの例

点検項目	損傷レベル（小）	損傷レベル（中）	損傷レベル（大）
ひび割れ率（%）	0～20 程度	20～40 程度	40 程度以上
わだち掘れ量（mm）	0～20 程度	20～40 程度	40 程度以上
IRI（mm/m）	0～3 程度	3～8 程度	8 程度以上

6 報告事項

点検結果の報告は，付図-8.1に示すように現地に持参した地図（道路台帳附図等）上に，ひび割れ，わだち掘れ，IRIの判定を台帳上にマークする。また，合わせて，点検日時，場所等の基本情報および点検に用いた手法（車上目視）の記録を残す。

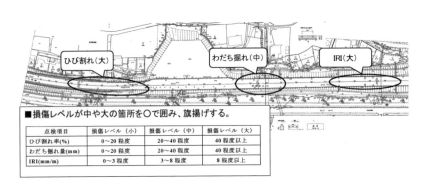

付図－8.1 現地調査結果の記録例

7 実施上の留意点

・安全運転に留意する
・運転手は一般車との速度差が大きくならないように注意する

・実施時は必要に応じて回転灯を点灯させて，周囲の車両に注意を促す
・損傷が大きい場所の位置をできるだけ正確に把握できるように留意する
・各点検項目で色分け等を行い，資料が確認しやすいようにする

8　車上目視点検のメリット・デメリット

8−1　メリット

・走行しながら手軽に舗装の評価ができる
・広範囲かつ効率的に点検を実施することができる
・車上からの点検であるため，安全な作業が実施できる
・路線全体の概略的なスクリーニングが可能である

8−2　デメリット

・渋滞が発生している状況では，路面全体を見通しての評価が難しい
・逆光等の日照状況により，ひび割れの見え方が異なる
・雨天の場合は点検が困難である
・走行しながらの作業が多い時は写真が取れない場合がある
・位置情報の正確さに欠ける
・車線単位の評価となる
・定性的な評価となる
・データが紙ベースとなる場合が多い

付録－9　アスファルト舗装の徒歩目視による点検の例

1　点検者

　アスファルト舗装の損傷程度を適切に点検できる技術者とする。なお，点検を実施する際には，判断基準等のバラつきを少なくするよう，事前に点検者間で判断基準の統一をする等の試行点検を実施するとよい。また，徒歩目視の場合は，実際の損傷を接近して確認できる。このため，点検に合わせて診断を行う際は，アスファルト舗装の損傷程度を適切に診断できる技術者とする。

2　準備すべきもの

　徒歩目視による点検の実施に先立って，対象路線の道路台帳附図を準備する。また，現地において，点検・診断するために，これまでの路面点検の見本や「舗装点検必携」等の診断に必要な資料を準備する必要がある。

　以下に点検に必要なものの例を示す。

・位置情報（対象区間の起終点情報，道路台帳附図，トンネルや橋梁の位置や名称など）
・筆記用具，記録用紙（損傷の種類・位置，損傷の程度などを記録できるもの）
・ウォーキングメジャー
・メジャーやスケール等
・デジカメ（損傷や位置情報が記録できるもの）
・安全用具（ヘルメット，安全チョッキ）
・「舗装点検必携」
・損傷レベルの段階を現場で判断できる写真（基本は点検要領，「舗装点検必携」を参考にするが，独自に作成しているものがある場合はそちらを利用しても

-118-

よい)

・これまでの路面点検結果

・マーキングチョークや道路マーキングスプレー

・安全靴，誘導棒または黄旗

3　点検項目

点検の項目については，車上目視による点検を参考にするとよい。

4　点検手法

点検は，損傷レベルの段階を現場で判断できる写真を利用する等して，舗装の損傷状態を把握する。2名以上1組で実施し，歩道などの安全が確保される場所から確認する。なお，作業実施にあたっては，安全を確保して作業するとともに，自転車および歩行者にも注意する。

5　損傷レベル

損傷レベルについては，車上目視による点検を参考にするとよい。

6　報告事項

現地調査結果の記入は，**付図-9.1** に示すように現地に持参した地図（道路台帳附図等）上に，ひび割れ，わだち掘れ，IRI の評価結果をマークする。また，合わせて，点検日時，場所等の基本情報および点検に用いた手法（徒歩目視）の記録を残すとともに現地を確認していて，その他の気になる事項（ひび割れ部の噴出物等）があれば，それらの状況も点検記録に記載することが望ましい。

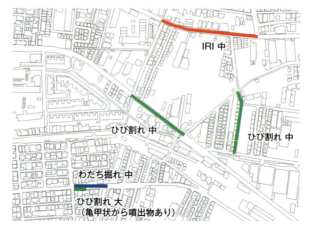

付図-9.1 現地調査結果の記録例(徒歩目視)

7 実施上の留意点

- 点検者および周囲の安全確保に注意する
- 渋滞する時間帯には,点検を控えるようにする
- 各点検項目で色分け等を行い,資料が確認しやすいようにする
- ひび割れは線状(縦断・横断)に発生したものや,亀甲状に発生したものなどに分類され,形状によって発生原因が異なるため,写真を撮るなど詳細を確認できるように記録する。
- わだち掘れは,ダブルタイヤのわだち形状の有無や端部に盛り上がり部分があるのかなど,形状と発生する位置によって発生原因が異なるため,詳細を確認できるように記録する。
- IRIについては,マンホール等の進行方向に発生している段差が影響する場合もあることから,局所的に発生している事象についても留意する。

8 徒歩目視点検のメリット・デメリット

8−1 メリット

・位置情報を正確に把握することができる
・損傷の写真を正確に取得して評価することができる
・交通の状況にあまり左右されないで実施できる
・逆光などの日照条件においても点検者が見やすい方向から損傷を確認することができる

8−2 デメリット

・1日の点検量が限定されるため，路線全体で実施するには時間がかかる
・車両の駐車場所を考慮する必要がある
・IRIの評価は，徒歩目視のみの診断は難しい場合があり，そのような場合は車両での巡視の際に体感する上下振動も考慮するとよい。

付録-10　路面性状測定車による点検の例

1　点検車両

　路面性状測定車による点検は，ひび割れ率，わだち掘れ量，IRI を同時もしくは別々に計測できるものであり，一般の交通の流れに沿って効率的な作業が可能である。路面性状測定車は，広範囲な調査を実施する際に利用される場合が多く，色々な計測手法が存在しているため，目的に応じて適宜選定するとよい。付写真－10.1 に実際に利用されている路面性状測定車の写真を示す。

付写真－10.1　路面性状測定車

2　準備すべきもの

　路面性状測定車による点検の実施に先立って，対象地域の管内図および調査数量の一覧表等を準備する。なお，調査対象区間の起終点においては，必要に応じ

てマーキングを行うことで位置の正確性を確保する。

・位置情報（管内図，対象区間の起終点情報，道路台帳附図，トンネルや橋梁の位置や名称など）

・筆記用具，現場野帳（新規路線の有無や工事等による計測除外箇所の記録など）

・車線数情報

3 点検項目

点検の項目については，車上目視による点検を参照のこと。

4 点検手法

路面性状測定車を用いて実施し，必要に応じて回転灯を用意して作業を実施する。なお，点検は交通量が少ない時間帯に実施する。点検方法については，「舗装調査・試験法便覧 S029，S030，S032」を参考にする。

5 損傷レベル

損傷レベルについては，車上目視による点検を参照のこと。

6 報告事項

1) ひび割れ率，わだち掘れ量，IRI
2) 評価対象（路線名，地名，対象区間の起終点，評価面積）
3) 測定年月日
4) 測定箇所（車線区分，測定位置）
5) 舗装構成（舗装の種類，各層の使用材料および設計厚）
6) その他（評価除外区間およびその根拠）

7 実施上の留意点

・路面性状測定車の精度は，測定機のキャリブレーションの状態に依存する。

したがって，走行距離計や撮影装置については定期的に検査を行い，精度を確認しておく必要がある

・昼間に計測するタイプは，構造物の影などによりひび割れが判別しにくいケースがあるため測定する時間帯を検討する必要がある

8　路面性状測定車のメリット・デメリット

8－1 メリット

・広域的な調査が効率的に実施できる

・ひび割れ率，わだち掘れ量，IRI を正確に把握することができる

・交通規制を伴わない点検が可能である

・定量的な数値データを容易に取得可能である

8－2 デメリット

・計測後に解析処理を伴うため，評価までの時間がかかる

・延長が短い場所で適用する場合，延長に対する費用が高額となる

付録-11 コンポジット舗装の特徴と留意点

　コンポジット舗装は，表層等にアスファルト混合物を用い，その直下の層にセメント系の版（普通コンクリート版，連続鉄筋コンクリート版，転圧コンクリート版等）を用いたものである。コンポジット舗装の特徴は，コンクリート舗装のもつ構造的な耐久性とアスファルト舗装のもつ良好な走行性と補修・修繕の容易さを併せもつことであり，舗装の長寿命化を目的として施工する。

　コンポジット舗装においては，上部に敷設したアスファルト混合物層が，基盤であるコンクリート舗装の目地部の伸縮や輪荷重通過に伴うたわみ差に追従できず，目地部直上にリフレクションクラックが発生することがあるので，その対応を設計段階で考慮する必要がある。コンポジット舗装のひび割れ例を**付写真-11.1**に示す。

横方向のリフレクションクラックの例

縦方向のリフレクションクラックの例

付写真-11.1　コンポジット舗装のリフレクションクラックの例

　供用中のコンクリート舗装については，路面性能が低下した場合に機能回復を図るため，アスファルト混合物層を重ねて敷設することにより，結果的にコンポジット舗装と同様の構造となる場合がある。その際に，上記の目地部の機能を考

慮しないでそのまま敷設すると，リフレクションクラックが亀甲状ひび割れに進展し，場合によっては骨材飛散や段差が生じると考えられている。

このため，コンクリート舗装上にアスファルト混合物層を重ねて敷設する（アスファルト舗装によるオーバーレイをする）場合は，基盤となるコンクリート舗装の挙動を十分に考慮することが求められる。なお，コンクリート版に問題がある時は，コンクリート舗装の詳細調査（6-2-5 詳細調査）およびコンクリート舗装の措置（6-3 措置）を参考にする。

付録－１２　FWD による残存等値換算厚の評価事例

　供用中のアスファルト舗装のほとんどは T_A 法により設計されているため，修繕を行う際には，ひび割れ率を基に各層の構成材料や厚さから求めた残存等値換算厚を踏まえた上で，修繕工法を選定することが一般的であった。

　近年は，供用しているアスファルト舗装の残存寿命の推定や，修繕工法の選択に際して FWD によるたわみ量計測結果を用いる場合が多くなっている。この FWD によるたわみ量データから，残存寿命を示す T_{A0} へ換算する研究が行われ，「舗装の維持修繕ガイドブック 2013」で換算式として**付式-12.1** が示されている。

$$T_{A0}=a \log_{10} (D_0-D_{150}) +b$$
$$=-25.8 \log_{10} (D_0-D_{150}) +11.1 \qquad \cdots \text{付式-12.1}$$

ここに，T_{A0}：残存等値換算厚（cm）

$\qquad\qquad D_0$：載荷点直下のたわみ量（mm）

$\qquad\qquad D_{150}$：載荷点から 150cm の位置のたわみ量（mm）

　この式の精度を高めることを目的として，供用中のアスファルト舗装で計測した FWD データを用いて検証が行われた。**付図-12.1** は，実測値の D_0 が許容たわみ量 D_{0cri} を超えたデータ（●），超えないデータ（○）について，$D_0 - D_{150}$ と T_A の関係を示している。●は修繕対象となるデータを示しており，**付図-12.1** の (b) に着目して**付式-12.1** により得られた T_{A0} 算出式を基に比較すると，設計時の T_A が薄い場合には不足 T_A を求めて修繕を行っても十分な T_A が確保できない恐れがあり，逆に T_A が厚い場合には過剰な不足 T_A を計上する可能性が示された。一方，**付図-12.1** の (b) に示した健全部での回帰直線（a=-34.5, b=-0.64）を見ると，健全である供用初期のデータ（◆）との一致度合が高いことが分かる。これにより，現行式よりも正確に T_{A0} を評価できているものと考えられる。

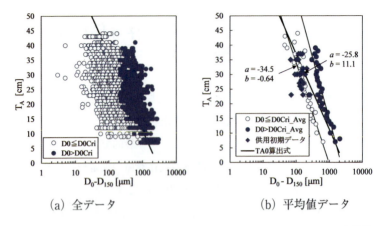

(a) 全データ　　　　　　　　(b) 平均値データ

付図－12.1　T_A ごとの $D_0 - D_{150}$ データと**付式-12.1** の関係[1),2)]

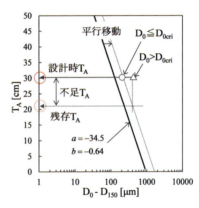

付図－12.2　提案する T_{A0} 算出式の使用方法[1),2)]

付図-12.1の（a）から分かるように，実際の路線ではFWDで計測された $D_0 - D_{150}$ の値は大きく変動する。そのため，固定された1本の回帰式で不足 T_A を求めた場合には，過大または過小評価してしまう可能性を否定できない。このことから，**付図-12.2**のように健全部のデータを通るように回帰式を平行移動させ，非健全部のデータを通る垂線と平行移動線との交点を非健全部の残存 T_A として不足 T_A を求める手法が提案されている[1),2)]。

-128-

【参考文献】

1）山﨑 泰生，竹内 康，寺田 剛：FWD 計測に基づいた舗装の残存寿命推定方法に関する検討, 第 32 回日本道路会議論文集, 2017.10.

2）山﨑 泰生，竹内 康，寺田 剛：FWD 計測に基づいた舗装の残存寿命推定方法に関する検討，舗装，Vol.53，No.8，2018.8.

付録-13　コア抜き調査による詳細調査方法事例

　詳細調査をより簡便に行う手法の一つにコア抜き調査による評価がある。その事例としてここでは2例取り上げたので参考にされたい。

1　ひび割れ発生要因の調査

　コア抜き調査を行うことで，アスファルト混合物層のどの部分までひび割れが達しているか，あるいは舗装表面から発達したものか，もしくは基層や瀝青安定処理層などの下面から発達したものかを判断できる。また，採取したコアを用いて，強度試験や抽出試験を行うことで，ひび割れの発生要因や劣化度合いの推定などにも利用できる。

　ひび割れが表面から入ったものか，アスファルト層の下面から発生したものかを判断するためにコア抜き調査を行った例を付図-13.1に示す。

　①は貫通したひび割れで，舗装の表面もしくは下面どちらから発達したひび割れか判断できないが，②は舗装の下面から発生したひび割れで，疲労ひび割れと判断できる。また，③は舗装の表面から発生したひび割れで，劣化もしくはわだち割れと判断できる。

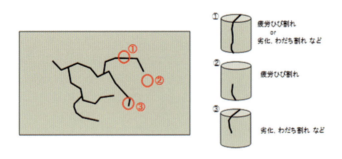

付図-13.1　ひび割れを評価するためにコア抜き調査を行った例

2　わだち掘れ発生要因の調査

　わだち掘れの発生が，アスファルト混合物層によるものか，路盤以下の支持力不足によるものかを調査するために，横断方向に数箇所コア抜き調査を行う。横断方向の基準線からの距離と各層の厚さを見比べることで，どの層に流動が生じているかを評価することができる。わだち掘れの損傷深さを評価するためのコア抜き調査の例を**付図-13.2**に示す。

　この図から評価すると，①，⑦が舗設当初の舗設した厚さと高さであるとした場合，②から⑥を見ることで，表層と基層の厚さが変わっているものの，瀝青安定処理層に厚さと高さの変化がないことが分かる。よって，ここで生じているわだち掘れは，路床や路盤の支持力不足に起因するものではなく，アスファルト混合物層の塑性変形により生じているものであり，またその塑性変形している層も基層までであることが分かる。

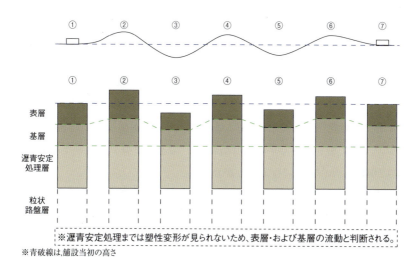

付図-13.2　わだち掘れの損傷深さを評価するためのコア抜き調査を行った例

付録－１４　アスファルト舗装と
コンクリート舗装の LCC 算定の比較例

　コンクリート舗装は，アスファルト舗装よりも初期建設費用が高い。しかし，コンクリート舗装の耐久性は高いため，アスファルト舗装よりも補修に要する費用を抑えることができる。したがって，LCC の観点から，コンクリート舗装の方がアスファルト舗装よりも経済性に優れていると考えられ，その考え方は従来から一般的に認識されてきた。

　コンクリート舗装とアスファルト舗装の LCC を比較した一例として，42 箇所の既存コンクリート舗装を調査し，そのうち 19 箇所のコンクリート舗装とアスファルト舗装の LCC 算定を比較検討した事例を紹介する [1]。

　交通量区分 N6，供用年数が 34 年のそれぞれの舗装の LCC 推移を付図 -14.1 に，LCC を算定した 19 箇所の調査箇所について，密粒度アスファルト舗装の供用年数をコンクリート舗装の供用年数に合わせて LCC を算定しとりまとめたグラフを付図 -14.2 に示す。

　付図 -14.1 から，コンクリート舗装の建設費は，アスファルト舗装よりも 1,000 円 /m^2 前後高かった。しかし，アスファルト舗装は供用 10 年以降に修繕工事が実施されており，その後も 1 度ないし 2 度の修繕工事が追加されていることから，アスファルト舗装の LCC はコンクリート舗装より高くなった。付図 -14.2 から，新設費用と補修費用を合わせた LCC は，コンクリート舗装で平均 8,128 円 /m^2，密粒度アスファルト舗装で平均 10,125 円 /m^2 であり，コンクリート舗装の LCC は平均 2,000 円 /m^2 安価になることが分かる。

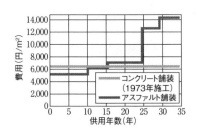 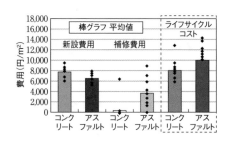

付図-14.1 供用年数と費用の比較　　付図-14.2 新設・補修費用とLCCの比較

(いずれも供用34年, N_6 での比較)

　近年では，高い耐久性を長期間保持するコンクリート舗装と，優れた走行性や平たん性，さらには補修が容易であるアスファルト舗装を組み合わせたコンポジット舗装を採用されるケースも見られる。その代表例が連続鉄筋コンクリート舗装を採用した新東名高速道路のコンポジット舗装である。

　連続鉄筋コンクリート舗装は目地が不要であることから，車両走行性に優れ，補修が容易であるなどの利点がある。新東名高速道路のように連続鉄筋コンクリート舗装を採用した大規模コンポジット舗装は，世界的にも例がない。コンポジット舗装の施工実績は古くからあるが，LCCに関してはまだ検討の余地があるため，今後のコンポジット舗装のLCC算定が待たれるところである。

　このようにコンクリート舗装やコンポジット舗装を適材適所で活用することで，LCCの低減が期待できる。また，確実なメンテナンスを施せば，これらの舗装は長期間にわたり良好な供用性能が期待できる。そのため，例えば建設当初から道路利用状況が変わり，頻繁に措置を施しているアスファルト舗装の場合等には，道路利用状況や交通規制の難易の施工条件を十分吟味したうえで，アスファルト舗装からコンクリート舗装に変更する修繕措置を採用することで，LCCを低減させ，長寿命化に資する舗装の構築が期待できる。

【参考文献】

1) 泉尾 英文, 小梁川 雅, 久保 和幸：コンクリート舗装のライフサイクルコストに関する検討, 舗装, Vol.49-4, pp.6-9, 2014.4

付録－１５　修繕工事における緊急追加工事

　詳細調査ではコア抜き調査や開削調査を実施するため，基層や路盤層の状態を十分把握したうえで適切な工法が選定できる。しかし，使用目標年数を超過した診断区分Ⅲ－１では詳細調査を実施しないことが多いため，表層切削後，基層等が局所的に砂利化していることや表層の剥ぎ取り後，路盤が予想よりも軟弱化している場合がまれにある。

　これらの状態のまま切削オーバーレイ工法や表層・基層打換え工法を実施しても，供用開始後早期にひび割れや圧密変形によるわだち掘れ等が発生することが十分に考えられる。このようなことを避けるためには，以下に示す２つのケースのように，緊急で工種を追加，もしくは変更することで，供用後良好な供用性能が期待できる。

1　表層切削後，局所的に砂利化した基層を発見した場合

　砂利化した基層部分を追加切削し，使用を予定していた表層用アスファルト混合物で埋め戻す。

　施工方法としては，まず基層部分の追加切削箇所にタックコートを散布，もしくは塗布する。その後，追加切削した基層部分をアスファルト混合物で埋め戻し，転圧後，表層を所定の施工方法で打設することで，埋め戻し部も表層部も所定の混合物密度が確保できるため，交通開放後，埋め戻した箇所の局所的な路面沈下を防ぎ，長期にわたり良好な路面性状が期待できる。

　なお，常温アスファルト混合物は保存期間を数か月確保できるように，アスファルト自体を軟化させる溶剤系が含まれているものや水系のバインダーで構成されているものが多い。そのため，これらの混合物で基層部分を埋め戻すと，表層のアスファルト混合物に何らかの悪い影響を及ぼす場合やブリスタリングの発生要因となる場合があるので，常温アスファルト混合物の組成を十分理解したうえで

使用するか，もしくは組成が不明の場合，使用を避けた方が賢明である。

2 表層の剥ぎ取り後，軟弱化した路盤を発見した場合

軟弱化した路盤層にセメント等の固化材を投入し，表層の剥ぎ取りに使用したバックホウで混合する。

施工方法としては，まず軟弱化した路盤層とその周囲の健全である路盤層の一部を一緒にバックホウで30cm程度の厚さまでかき起こす。均一にかき起こした後，目視判断により決定した量のセメント等の固化材を投入し，バックホウで路盤材と固化材を均一に混合する。混合後，転圧するローラを2種類にすると効果的に混合物密度が得られやすい。転圧した後，プライムコートを施し，表層を打設する。

なお，工程に余裕がある場合，良質な路盤材を用いた置換工法を採用するのが望ましい。

付録－16　分類C，Dのアスファルト舗装における点検の例

1　巡視の機会等で得た情報により補完する方法

　巡視の機会を利用し損傷状況を把握することを目的として，市販のスマートフォンをパトロール車両に設置して走行し，スマートフォンの加速度センサで路面損傷による車両の揺れとGPSによる位置を計測して調査するものがある[1]。その調査結果は独自の劣化情報指数として舗装の評価を行うものであり，車両の状態や走行速度等によるばらつきを考慮するために，複数回の走行結果を統計処理している。この点検方法は，あらかじめ路線および路線上の任意長さの区間を定義する必要があり，パトロールごとに上下加速度の大きな地点を抽出して点数化し，複数回のパトロールの点数を基に区間ごとの平均点数を算出したもので評価している。巡回機会を利用した点検例を**付図-16.1**に示す。

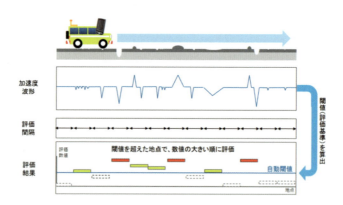

付図－16.1　巡回機会を利用した点検例[1]

2 住民参加型のインフラ管理による点検

　住民が自ら参加してインフラ管理をすることを目的に，住民が自分のスマートフォンで現場の写真や動画を撮り，専用アプリを使って，自治体の専用サイトに画像等の情報を投稿する点検手法がある。その際，スマートフォンのGPS機能によって位置情報が添付されることから，自治体の担当者はどこで舗装の損傷などが発生しているかを地図上で迅速に知ることができる。住民の投稿に対しては，自治体の担当者が修繕等の対応を行うほか，場合によっては住民が自ら対応して解決を図る場合もある。なお，投稿された地域の課題は専用サイトで公開され，投稿者や他の住民は舗装の損傷などの事実との対応状況（受付済，対応中，対応済）を知ることができる。

【参考文献】

1）加藤 弘樹，吉田 博基：「スマホ」を使って路面の状態を見える化と活用検討，月刊建設，Vol.61，2017年2月号

付録－１７　損傷の実態に基づいた点検の効率化

平成 25 年の総点検実施要領の制定後に実施された舗装総点検の結果のうち，路面性状測定車を用いて計測された市町村道のアスファルト舗装の点検結果を分析し，市町村道における効率的な路面管理方法について考察した事例 [1] を以下に示す。

この事例では，橋梁，トンネル部での計測結果は除外し，計測区間が概ね100m 区間のひび割れ率（C），わだち掘れ量（RD），平たん性（IRI）のみを抽出しており，計測延長は**付表-17.1** に示すように約 3 万 km で管理延長に対する計測延長は全体で約 14% であった。舗装総点検では，点検対象を幹線道路としているが，管理延長のうちどの程度が幹線道路であるかの判断は道路管理者に委ねられている。**付表-17.1** の結果より地域によって差はあるものの，各市町村では平均的に管理延長の 14% 程度を幹線道路として認識しているとの結果が得られている。

市町村道の幹線道路の多くは分類 C の道路に相当するものと考えられるため，分類 C 道路の管理延長を把握する上での目安になるものと考えられる。

付表－１７.１　分析対象地区の管理延長と計測延長

地区名	計測延長 [km]	計測／管理 [%]
北海道・東北地区	2486.1	7.0
関東地区	8035.9	7.8
中部・北陸地区	2390.8	10.8
近畿地区	4937.3	18.4
中国・四国地区	6858.2	17.6
九州・沖縄地区	5380.9	22.0
合計	30089.2	13.9

抽出した路面性状データは，舗装点検要領の「損傷の進行が早い道路」の損傷区分にあわせ，Ⅰ～Ⅲに分類・整理されており，**付表-17.1**の地区間で大きな差異が認められなかったことから，全国の舗装総点検データを一括して分析している。その結果，**付表-17.2**に示すように，ひび割れ率（C），平たん性（IRI）が損傷区分Ⅲに含まれる割合は10%前後であるが，わだち掘れ量（RD）で損傷区分Ⅲに至るケースはほとんどない結果となっている。このことは，市町村道の管理においてRDは特段に注意を払う指標ではなく，CとIRIに注意を払えばよいことになる。

付表－１７.２　舗装総点検データの診断区分の内訳

	診断区分	距離 [km]	割合 [%]
	全データ	30089.2	100.0
Ⅰ	C ≦ 20% 区間	20377.8	67.7
Ⅱ	20<C ≦ 40% 区間	6548.0	21.8
Ⅲ	C>40% 区間	3163.3	10.5
Ⅰ	RD ≦ 20mm 区間	29131.4	96.8
Ⅱ	20<RD ≦ 40mm 区間	941.6	3.1
Ⅲ	RD>40mm 区間	16.2	0.1
Ⅰ	IRI ≦ 3mm/m 区間	9063.8	30.1
Ⅱ	3<IRI ≦ 8mm/m 区間	18311.3	60.9
Ⅲ	IRI>8mm/m 区間	2714.1	9.0

付表−１７．３　ひび割れ率の診断区分Ⅲと IRI の関係

<table>
<tr><th colspan="3">損傷指標範囲</th><th>距離
［km］</th><th>C>40%
区間割合
［%］</th><th>総延長
割合
［%］</th></tr>
<tr><td colspan="3">全 C>40% 区間</td><td>3163.3</td><td>100.0</td><td>10.5</td></tr>
<tr><td rowspan="2">IRI ≦ 3mm/m 区間</td><td colspan="2">C>40% 区間</td><td>457.1</td><td>14.5</td><td>1.5</td></tr>
<tr><td colspan="2">C>40% 区間</td><td>2118.0</td><td>66.9</td><td>7.0</td></tr>
<tr><td rowspan="5">3<IRI ≦ 8mm/m
区間</td><td rowspan="5">IRI 細
区分別</td><td>3<IRI ≦ 4mm/m</td><td>471.3 ※</td><td>14.9 ※</td><td>1.6 ※</td></tr>
<tr><td>4<IRI ≦ 5mm/m</td><td>500.5 ※</td><td>15.8 ※</td><td>1.7 ※</td></tr>
<tr><td>5<IRI ≦ 6mm/m</td><td>469.0 ※</td><td>14.8 ※</td><td>1.6 ※</td></tr>
<tr><td>6<IRI ≦ 7mm/m</td><td>393.0 ※</td><td>12.4 ※</td><td>1.3 ※</td></tr>
<tr><td>7<IRI ≦ 8mm/m</td><td>284.1 ※</td><td>9.0 ※</td><td>0.9 ※</td></tr>
<tr><td>IRI>8mm/m 区間</td><td colspan="2">C>40% 区間</td><td>588.2</td><td>18.6</td><td>2.0</td></tr>
</table>

※：3<IRI ≦ 8 かつ C>40%区間の内訳

付表-17.3 は，C と IRI の計測結果の関係を示したものである。また同表は，路盤以下の保護による舗装の長寿命化の観点から措置（修繕）を講じる必要があると判断される，ひび割れ率が診断区分Ⅲの区間（C>40%）における IRI のレベルを比較したものである。C>40% の延長を 100%としたとき，IRI が診断区分 I の割合が約 15%，診断区分 II が約 67%，診断区分Ⅲが約 19%であり，表中の※は診断区分 II の内訳を示している。この結果より，IRI>3mm/m の区間でスクリーニングを行った場合，C>40% の部分の 85%を抽出でき，IRI>4mm/m とした場合には 70%となる。

ひび割れ率は舗装の長寿命化を考える上で重要な要素であるが，ひび割れ状況を把握するために係る画像解析等の費用は高く，全線（管理延長の 14% 程度）にわたって点検する必要がある。一方で, IRI はスマートフォンや加速度計によって簡易かつ廉価に計測できるようになっており，巡視の機会を通じて比較的容易に計測可能である。

【参考文献】

1）竹内康，渡邉一弘，吉沢仁：舗装総点検データを用いた市町村道の管理方法に関する一考察，道路建設，No.767，pp.56-61，2018.

付録-18 損傷の重篤化につながる路面の損傷

アスファルト舗装にひび割れが発生すると，雨水がそのひび割れから舗装内部に浸透することで，基層や瀝青安定処理層のアスファルトが剥離して強度が低下する，あるいは粒状路盤の細粒分が路面に流れ出して支持力が低下するなど，舗装内部の劣化が急速に進行する。

付写真-18.1は，局所的に発生した亀甲状のひび割れを3か月間追跡した事例である[1]。これを見ると，3ヶ月の間にひび割れが急速に発達しているのが分かる。

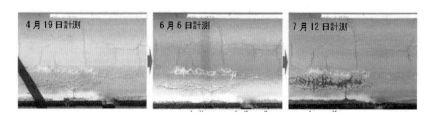

付写真-18.1　短期間で損傷の進行の早いひび割れの事例[1]

損傷の進行の早いひび割れは，路盤下の損傷が急速に進行している恐れが高いため，なるべく早い段階でFWDたわみ量調査などを実施し，パッチングなどの補修でよいのか，あるいは路上路盤再生工法などで路盤まで修繕する必要があるのかを診断し，早期に措置を行うことが舗装の健全性を長期的に持続する上で重要である。

一般的に急速的な劣化は，舗装内部への雨水の浸透が要因として考えられるので，水を入れない対策が重要である。

【参考文献】

1）鈴木 康二，那珂 通大：点検・診断・措置への一連の取組み，第 32 回日本道路会議論文集

付録－19　コンクリート舗装の徒歩目視による点検例

1　点検者

　コンクリート舗装の損傷程度を適切に点検できる舗装技術者とする。なお，点検を実施する際には，判断基準等のバラつきを少なくするよう，事前に点検者間で判断基準の統一をする等の試行点検を実施するとよい。また，徒歩目視の場合は，実際の損傷を接近して確認できる。このため，点検に合わせて診断を行う際は，コンクリート舗装の損傷程度を適切に診断できる技術者とする。

2　準備すべきもの

　現地において点検を円滑に行うために，対象路線の道路台帳付図や損傷レベルの区分を現場で判断できる写真をあらかじめ準備して，現地で写真を照らして判断することが望ましい。また，これまでの路面点検結果等の資料も準備しておくことが望ましい。

　以下に点検に必要なものの例を示す。

- ・位置情報（対象区間の起終点情報，道路台帳図，トンネルや橋梁の位置や名称など）
- ・筆記用具，記録用紙（損傷の種類・位置，損傷の程度などを記録できるもの）
- ・ウォーキングメジャー
- ・メジャーやスケール等
- ・デジカメ（損傷や位置情報を記録できるもの）
- ・安全用具（ヘルメット，安全チョッキ）
- ・「舗装点検必携」
- ・損傷レベルの段階を現場で判断できる写真（基本は点検要領，「舗装点検必携」

を参考にするが，独自に作成しているものがある場合はそちらを利用しても
よい）

・これまでの路面点検結果
・クラックゲージ（ひび割れ幅が計測できるもの）
・マーキングチョークや道路マーキングスプレー
・安全靴，誘導棒または黄旗

3　点検項目

　路盤の保護の観点から，目地部の損傷，段差，ひび割れの構造的な損傷を点検
項目とする。

4　点検手法

　点検は運転手1名と記録員1名以上で実施し，歩道などの安全が確保される場
所から確認する。

5　損傷レベル

　目視で損傷レベルを小・中・大の3区分で把握する。

6　点検記録様式の例

　点検記録様式は各道路管理者が収集する情報を逐次整理できる効率的な様式を
工夫する。なお，点検記録様式は損傷の種類と位置が分かるようにコンクリート
版ごとに整理しておくことが望ましい。以下に点検記録様式の例を**付表-19.6.1
～付表-19.6.2**に示すので，参考にするとよい。

-145-

付表－19.6.1　点検記録様式のイメージ例（普通コンクリート舗装の場合）

点検記録用紙（普通コンクリート舗装）のイメージの一例

記入（更新）日　　2016年　5月　22日
記入コード　　メンテ10.840-10.900-3

道路の分類	分類記号	B	供用年数 道路情報 交通情報	供用開始年月 適用箇所	点検年月日				2016年5月20日
	路線名	市道〇号××線	道路情報	適用箇所	詳細調査年月日				
	住所や座標など	〇〇県××市	交通情報 設計交通量区分 N5交通		措置年月日				
車線区分（上り・下り）		下り	道路センサスデータ 日平均大型車重 850 台/日						%
距離標	始点KP	10.840	路床条件	地盤定数 設計CBR	MN/m3,				
	終点KP	10.900	気象条件	一般	コンクリート舗装の種類	連続鉄筋 － 普通 － 転圧			
幅員構成	車線数	2	沿道条件	DID	コンクリート版の大きさ	幅3.5m × 長さ 10m(目地間隔)×厚さ 15 cm			
	車線番号	1	工事情報		版番号	10 ～ 15			

	版番号	10	11	12	13	14	15
	始点KP	10.840	10.850	10.860	10.870	10.880	10.890
	終点KP	10.850	10.860	10.870	10.880	10.890	10.900
点検年月日		2016年5月20日					
点検者		点検太郎					
点検	目地部の損傷(A)	I・II・III	I・II・III	同左	同左	同左	同左
	角欠け(B)	I・II・III	I・II・III	I・II・III	I・II・III	I・II・III	I・II・III
	段差(C)	I・II・III	I・II・III	I・II・III	I・II・III	I・II・III	I・II・III
	縦ひび割れの損傷(D)	I・II・III	I・II・III	I・II・III	I・II・III	I・II・III	I・II・III
	横ひび割れの損傷(E)	I・II・III	I・II・III	I・II・III	I・II・III	I・II・III	I・II・III
	その他の損傷(F)	I・II・III	I・II・III	I・II・III	I・II・III	I・II・III	I・II・III
		有り・無し	有り・無し	有り・無し	有り・無し	有り・無し	有り・無し
点検結果		10 m	10 m	10 m	10 m	10 m	10 m

略図

ポットホール φ30cm
ポットホール φ90cm

診断結果	診断区分	I・II・III
	その他	
	その他(特記事項)	I・II・III

付表-19.6.2　点検記録様式のイメージ例（連続鉄筋コンクリート舗装の場合）

点検記録用紙（連続鉄筋コンクリート舗装）のイメージの一例

記入日　2016年　5月　22日
記入コード　メンテ11.850-12.000-1

道路の分類	分類記号	B	供用年数	供用箇所	[土工部]橋梁部,トンネル部	点検年月日	2016年5月20日	詳細調査年月日
	路線名	市道○号××線	道路情報	適用箇所	N5交通			
	住所や連接情報など	○○県××市	交通情報	適用交通区分 設計交通区分	[大型車] 日平均 850 台/日	措置年月日		
車線区分	(上り,下り)	下り	路床条件	路床表層 設計CBR	MN/m3, %	コンクリート舗装版の種類	連続鉄筋 一筋違—一転圧	
距離標	始点KP	11.850	気象条件	地層条件 設計CBR	一般	コンクリート舗装版の大きさ	幅3.5m×厚さ25cm	
	終点KP	12.000	沿道情報	沿道条件	DID	ひび割れの間隔	約30～50cm	
車線数		2	工事情報	工事情報				
幅員構成	車線番号	1						

	始点KP	10.850	10.900	10.950	10.950
	終点KP	10.900	10.950	11.000	11.000
	点検年月日	2016年5月20日	同左	同左	同左
	点検者	点検太郎			
段差	(A)	I・II・III	I・II・III	I・II・III	I・II・III
横ひび割れの損傷 (ひび割れ幅0.5mm以上)	(B)	有り 1本・無し	有り 1本・無し	有り・本・無し	有り・本・無し
縦ひび割れの損傷	(C)	有り・無し	有り 2本・無し	有り・本・無し	有り・本・無し
パンチアウト	(D)	有り 1箇所・無し	有り 2箇所・無し	有り・箇所・無し	有り・箇所・無し
舗装表面の段差	(E)	有り・無し	有り 1箇所・無し	有り・箇所・無し	有り・箇所・無し
その他の損傷	(F)	有り・無し	有り・無し	有り・無し	有り・無し
		ブロック状ひび割れ11箇所有り	クラス2型ひび割れ4本有り		

路図	

点検結果	診断区分	I・II・III	I・II・III	I・II・III	I・II・III
	その他 (特記事項)				
	その他				
診断結果	診断区分	I・II・III	I・II・III	I・II・III	I・II・III
	その他				

7 作業上の留意点

・点検者および周囲の安全確保に注意する
・渋滞する時間帯には，点検を控えるようにする
・各点検項目で色分け等を行い，資料が確認しやすいようにする
・目視で損傷レベルを把握することが基本であるが，点検後の診断，措置を考える上で，損傷の規模（大きさ，深さ，長さ等）やコンクリート版のどの位置に損傷が発生しているか等の情報は重要となることから，損傷の規模をスケール等を用いて測定することが望ましい

付録-20　コンクリート舗装の健全度の
診断区分の目安例

1　損傷の種類と診断区分

1-1　目地部の損傷

（1）目地材のはみ出し，飛散

　目地部の点検結果から目地部の状態（目地材のはみ出し，飛散）による診断区分の目安例を**付写真-20.1**①～⑤に示すので診断区分の参考にするとよい。

①目地材が充填されはみ出しや飛散が無い状態：診断区分Ⅰ（健全）

②目地材のはみ出しや飛散がある状態：診断区分Ⅱ（補修段階）

③目地材が損失し雨水の浸水が想定される状態：診断区分Ⅱ（補修段階）

④目地材が損失し土砂が詰まった状態：診断区分Ⅱ（補修段階）

⑤目地材がほとんど無く，細粒分が噴出している状態：診断区分Ⅲ（修繕段階）

付写真－２０．１　目地部の診断例

(2) コンクリート版の角欠け

　コンクリート版の角欠けの点検結果から角欠けの診断区分の目安例を**付写真-20.2** ①～④に示すので診断区分の参考にするとよい。

① 角欠けがある状態：診断区分Ⅱ（補修段階）

② 角欠けがある状態：診断区分Ⅱ（補修段階）

③ 角欠けがあり細粒分が噴出している状態：診断区分Ⅲ（修繕段階）

④ 角欠けがありコンクリート版が，がたついている状態：診断区分Ⅲ（修繕段階）

付写真－20.2　角欠けの診断例

2　目地部の段差

　目地部の段差の点検結果から目地部の段差の診断区分の目安例を**付写真-20.3**
①～④に示すので診断区分の参考にするとよい。

①段差がない状態：診断区分Ⅰ（健全）

②段差がある状態：診断区分Ⅲ（修繕段階）

③段差がある状態：診断区分Ⅲ（修繕段階）

④大きな段差が発生し構造機能が損なわれている状態：診断区分Ⅲ（修繕段階）

付写真－20.3　段差の診断例

3　ひび割れ

　コンクリート版のひび割れの点検結果からひび割れの診断区分の目安例を**付写真-20.4**①〜⑤に示すので診断区分の参考にするとよい。

①ひび割れが入っていない状態：診断区分Ⅰ（健全）

②ひび割れが入っている状態：診断区分Ⅱ（補修段階）

③ひび割れが入っている状態：診断区分Ⅱ（補修段階）

④ひび割れが全面に入っている状態：診断区分Ⅲ（修繕段階）

⑤ひび割れが全面に入っている状態：診断区分Ⅲ（修繕段階）

付写真－２０．４　ひび割れの診断例

4 連続鉄筋コンクリート舗装で健全と診断される横ひび割れの例

　連続鉄筋コンクリート舗装の場合は、縦方向鉄筋によりコンクリートの乾燥収縮や温度によるひび割れを分散・発生させて、個々のひび割れ幅を0.5mm以下に制御するよう設計されており、ひび割れ部の角欠けが原因で表面のひび割れ幅が大きく観察されることがあっても構造上問題とならないことが多い。**付写真-20.5**のように縦断方向にほぼ一定間隔ごとで入る横断ひび割れは設計上見込まれたひび割れであり、健全と診断される。しかし、ひび割れ部の角欠けが進行し、拡大すると車両の走行性や安全性に支障をきたすことや、走行騒音が問題となることもあるので、ひび割れ開口幅が大きく、通常路面から版厚の1/3の位置にある鉄筋まで到達している可能性がある場合には、シール材注入による雨水浸入防止を図ることも必要である。また、ひび割れ部の荷重伝達率が低下することで版のたわみ量が大きくなりひび割れ幅が増大し、その結果、角欠けが進行している場合もあるので、横ひび割れの角欠けの進行程度を経過観察し診断することも必要である。

　また、診断時にはひび割れが0.5mmを超えていないか、錆汁が出ていないかに着目し、損傷が疑われる場合は詳細調査を行うとよい。

付写真-20.5 連続鉄筋コンクリート舗装で健全と診断される横ひび割れの例

付録-21 段差およびエロージョンの発生メカニズム

　目地やひび割れからの雨水等が浸入し，供用に伴う車両の繰返し荷重によって目地構造が損傷し，浸入した雨水等で路盤等が洗掘されて，やがて版同士の段差発生に繋がる。この段差が進行するとコンクリート舗装版の構造的な損傷にまで至る。

　また，目地やひび割れなどから雨水が浸入し，その水が路盤や路床に含まれ飽和状態にあるとき，交通荷重によってコンクリート版がたわみ，シルトや粘土等の細粒分が目地やひび割れから噴き出すことがある。この現象をポンピングという。その結果，目地やひび割れの版下（路盤）に空洞が生じることがあり，これをエロージョン（浸食）といい，路盤支持力が低下することでコンクリート版の損傷が進行することになる。

　付図-21.1に段差発生プロセスの例を，付図-21.2にエロージョン発生プロセスの例を示すので診断の参考にするとよい。

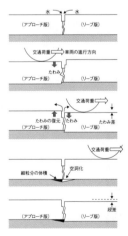

付図-21.1
段差発生プロセスの概念

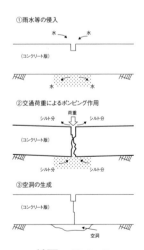

付図-21.2
エロージョン発生プロセスの概念

付録－22　詳細調査が必要なコンクリート版の損傷形態の例

1　ひび割れ

1－1　横断ひび割れ

　コンクリート版において，**付写真-22.1**に示すような版央付近またはその前後に横断ひび割れが全幅員にわたって発生している場合やひび割れ幅が3～6mm程度と進展が見られる場合は，コンクリート版が構造的に高い耐久性を有しているという特性の発揮が可能かどうか詳細調査を実施し，必要に応じてバーステッチ工法等による荷重伝達機能の回復措置を行う。

付写真－22.1　コンクリート版央付近に横断ひび割れが全幅員にわたって発生している例

1−2 ポンピングによるエロージョン

付写真-22.2に示すようなひび割れや目地部から路盤などの細粒分が路面に噴出し,版下に空洞(隙間)が発生していることが想定される場合,詳細調査を実施し,必要に応じて注入工法による隙間の充填という措置を行う。

付写真−22.2　コンクリート版央付近にポンピングによる
　　　　　　　エロージョンが発生している例

1−3 面状,亀甲状ひび割れ

　面状,亀甲状ひび割れは,付写真-22.3に示すような縦および横ひび割れが複合して,面状あるいは亀甲状になったひび割れである。このようなひび割れでは,コンクリート版としての構造や荷重支持性能が終局状態となっていることが疑われ,詳細調査を実施し,必要に応じてコンクリート版打換え等の措置が必要となる。

付写真-22.3 面状,亀甲状ひび割れが発生している例

2 段差

　ひび割れの段差や**付写真-22.4**に示すようなひび割れ部や目地部の段差が大きくなるなど,損傷の進行が著しい場合は,詳細調査を実施し,必要に応じて局部打換えなど修繕を行う。

付写真-22.4 著しい段差が発生している例

付録－２３　コンクリート版の詳細調査の例

コンクリート舗装における代表的な詳細調査としてＦＷＤたわみ量調査，コア抜き調査，開削調査がある。以下にそれぞれにおいて詳細調査を行った例を以下に示す。

１　ＦＷＤによるたわみ量調査

ＦＷＤたわみ量測定では，コンクリート版下の空洞の有無等の状態や横ひび割れ部の荷重伝達性などが確認できる。

たわみ量と荷重伝達率に基づく，横ひび割れ部の評価フロー例を**付図-23.1**に，ＦＷＤによる荷重伝達率測定方法の概念を**付図-23.2**に示す。

なお，荷重伝達機能を診断する際にＦＷＤを用いた荷重伝達率を用いる場合には，以下の①と②に示すような知見があるので参考とするとよい。詳細な調査方法は，「舗装調査・試験法便覧 S047」を参考にするとよい。

① 横ひび割れ部における構造調査からの診断

横ひび割れ部でのＦＷＤたわみ量測定を行うことにより，コンクリート版下の状態（空洞の有無等）やひび割れ部の荷重伝達性などが確認できる。コンクリート版下の空洞に対して修繕を実施した後の空洞の有無を確認するための判定値としては，一般に 49k N 載荷時のたわみ量 0.4mm 以下が採用されていることから，ＦＷＤたわみ量Ｄ０は，コンクリート版下の空洞の有無を判断する一つの目安となる。

一方，荷重伝達率（98k N 載荷）は 80% 以上であれば有効であり，65% 以下の場合，ダウエルバーの損傷や路盤の支持力低下もしくは空洞化のおそれがある。

② 目地部における構造調査からの診断

目地部の段差箇所の空洞の有無については，49k N 載荷時のたわみ量 0.4mm 以下を判断の目安に，また，荷重伝達性については，①荷重伝達率が 80% 以上

-159-

であれば荷重伝達は有効であり，②荷重伝達率が65%以下であれば荷重伝達は不十分である，とされている検討例をもとに診断するとよい。以下にそれぞれにおいて詳細調査を行った例を以下に示す。

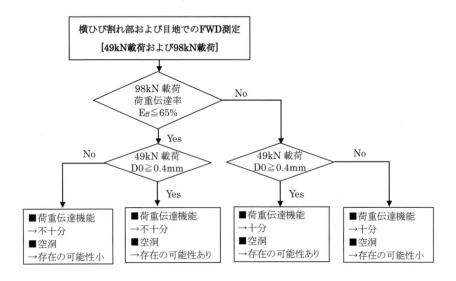

付図－23.1　たわみ量，荷重伝達率による横ひび割れ部および目地部の段差箇所の評価フロー例

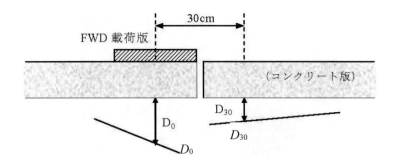

$$E_{ff} = \frac{D_{30}}{(D_0 + D_{30})/2} \times 100\ (\%)$$

E_{ff}：荷重伝達率（％）

D_0：載荷中心のたわみ量（mm）

D_{30}：載荷中心から30cmの位置のたわみ量（mm）

付図－23.2　FWDによる荷重伝達率測定方法の概念

2　コア抜き調査

　コア抜き調査により，コンクリート版内部の状態として鉄筋（鉄網）の腐食程度の状態などを把握することが可能で，コンクリート版下面の状態をより構造的に踏み込んだ診断が可能となる。**付写真-23.1**に採取したコアの観察状況の一例を示す。これは，鉄筋の腐食や切断が心配されたため，採取したコアで状況を確認したものであるが腐食や切断は無い結果が得られた事例である。詳細な調査方法は，「舗装調査・試験法便覧S002」を参考にするとよい。

付写真-23.1　採取したコアの観察状況

3　開削調査

　開削調査によりコンクリート舗装版の下の層の支持力および空洞の有無，ダウエルバーやタイバーの損傷を詳細に診断することが可能となる。
　開削の方法には，カッターによるコンクリート版の切断やウォータージェット等によるコンクリートのはつりがある。詳細な調査方法は，「舗装調査・試験法便覧 S002」を参考にするとよい。
　付写真-23.2にコンクリート版の切断による開削状況の一例を，付写真-23.3にウォータージェットによる開削状況の一例を示す。この例では，FWDの荷重伝達機能が不十分との結果により，ダウエルバーの切断が疑われたため，ウォータージェットによる開削調査を行った結果，ダウエルバーの破断が確認された。

付写真-23.2 コンクリート版の切断による開削の状況

付写真-23.3 ウォータージェットによる開削の状況

付録－24　コンクリート舗装のメンテナンス記録様式の例（連続鉄筋コンクリート舗装以外）

　コンクリート舗装に特化した記録を行う場合の記録様式の例を**付表-24.1**に示す。

　これは一例であり，運用にしたがって不都合が生じた場合は適宜改善しながら使用する。また，既に道路管理者が独自に運用している記録様式があればそれを利用してよい。ただし，記録項目については点検要領の主旨に沿ったものとなっているか確認する必要がある。

付表－24.1 コンクリート舗装のメンテナンス記録様式の例
（連続鉄筋コンクリート舗装以外）

記入（更新）日　2016年　10月　20日　　記入コード　メンテ10.840-10.900-3

道路の分類	分類記号	B
路線名		市道〇号××線
住所や座標など		〇〇県××市
車線区分（上り、下り）		下り
距離標	始点KP	10.840
距離標	終点KP	10.900
幅員構成	車線数	2
幅員構成	車線番号	1
供用年数	供用開始年月	1998年10月
道路情報	適用箇所	橋梁部、トンネル部
交通情報	設計交通量区分	N5交通
交通情報	道路センサスデータ	日平均（大型車）50　台/日
路床条件	地盤係数、設計CBR	MN/m3. 4 %
気象条件		一般
沿道条件		DID
工事情報		—
点検年月日		2016年5月20日
詳細調査年月日		2016年7月18日
措置年月日		2016/5/20, 緊急補修　／　2016/7/20, 補修　／　2016/10/15, 修補
コンクリート舗装版の種類		普通コンクリート舗装、転圧コンクリート舗装
コンクリート舗装版の大きさ		幅3.5m×長さ10m（目地間隔）×厚さ5cm
版番号		10 ～ 15

舗装構成		点検太郎 / 2016年5月20日	10	11	12	13	14	15
版番号			10	11	12	13	14	15
	始点KP	10.840	10.850	10.860	10.870	10.880	10.890	10.900
	終点KP	10.850						
表層	種類	NC	同左	同左	同左	同左	同左	同左
表層	設計強度KN	4.5	同左	同左	同左	同左	同左	同左
表層	厚さcm	25	同左	同左	同左	同左	同左	同左
中間層	材料	—	同左	同左	同左	同左	同左	同左
中間層	厚さcm	—	同左	同左	同左	同左	同左	同左
上層路盤	材料	M40	同左	同左	同左	同左	同左	同左
上層路盤	厚さcm	20	同左	同左	同左	同左	同左	同左
下層路盤	材料	C10	同左	同左	同左	同左	同左	同左
下層路盤	厚さcm	25	同左	同左	同左	同左	同左	同左

点検年月日　2016年5月20日　　点検者　点検太郎

点検結果	10	11	12	13	14	15
目地部の損傷(A)	①・II・III	①・II・III	①・II・III	①・II・III	①・II・III	I・II・III
角欠け(B)	I・II・III	I・II・III	I・II・III	I・②・III	I・②・III	I・②・III
段差(C)	I・II・III	①・II・III	I・②・III	I・II・③	I・②・III	I・②・III
横ひび割れの損傷(D)	①・II・III	①・II・III	①・II・III	①・II・III	①・II・III	I・II・III
縦ひび割れの損傷(E)	I・II・III	I・②・III	I・②・III	I・②・III	I・②・III	I・②・III
その他の損傷(F)	有り・無し	有り・無し	有り・無し	有り・無し	有り・無し	有り・無し

略図

ボットホール φ30cm　　3.5 m　　10 m

・版11は2016年5月点検時にφ30cmのポットホールが1箇所あり、常温エポキシ合材「商品名：○○○」で補修済み

診断結果	診断区分 Ⅰ・Ⅱ・Ⅲ区分	Ⓘ・Ⅱ・Ⅲ	Ⅰ・(Ⅱ)・Ⅲ	Ⅰ・(Ⅱ)・Ⅲ	Ⅰ・Ⅱ・Ⅲ	Ⅰ・Ⅱ・Ⅲ	Ⅰ・Ⅱ・Ⅲ	Ⅰ・Ⅱ・Ⅲ	Ⅰ・Ⅱ・Ⅲ	Ⅰ・Ⅱ・Ⅲ	Ⅰ・Ⅱ・Ⅲ
	その他（特記事項）	・ボットホール補修	・詳細調査（要）	・詳細調査（要）							
詳細調査結果	詳細調査年月日		2016年7月18日	2016年7月18日							
	調査者		調査太郎	調査太郎							
	FWD調査　たわみ量		0.35mm	0.45mm							
	FWD調査　荷重伝達率		68%	56%							
	切り取りコアによる状況確認										
	開削調査による状況確認										
	その他（特記事項）		目地材損傷【補修】	目地材の損傷【補修】荷重伝達低下【移設】							
措置内容	補修内容　措置年月日	2016年5月20日	2016年7月20日	2016年7月20日							
	補修内容　措置者	補修太郎	補修太郎	補修太郎							
	補修内容　工法名	ポットホールの穴埋め	シーリング	シーリング							
	補修内容　位置		横目地	横目地							
	補修内容　規模	φ30cm、1箇所	2.5m	2m							
	修繕内容　措置年月日			2016年10月16日							
	修繕内容　措置者			修繕太郎							
	修繕内容　工法名			バースティッチ							
	修繕内容　位置			横目地							
	修繕内容　規模			—							

その他（特記事項）

□2006年6月に点検実施　【メンテ10.840-10.900-1】
□2011年5月に点検実施　【メンテ10.840-10.900-2】
＊版11に、φ30cmのポットホールが1箇所有り、常温エポキシ合材「商品名：○○○」で即日補修済み
＊2016年5月に点検実施
＊2016年7月詳細調査実施
＊目地材損傷（版14、版15）有り、加熱目地材「商品名：○○○」でシーリングを実施済み
＊版15の荷重伝達率65%以下で修繕（バースティッチ）を実施済み

執　筆　者（五十音順）

粟本　太朗　　岡田　貢一　　黒須　秀明　　紺野　路登　　田中　英雄　　那珂　通大　　平岡　富雄　　宮前　雅明　　吉沢　仁　　藪　雅行　　山田　寧　　渡邉　一弘

江口　利幸　　小栗　直幸　　桑原　正明　　竹内　康　　寺村　博剛　　中井　伸康　　松山　雅頼　　村谷　修人　　光﨑　泰平　　山中　生　　吉　保

舗装点検要領に基づく舗装マネジメント指針

平成 30 年 9 月 27 日　　初版第 1 刷発行
令和 6 年 2 月 20 日　　　第 2 刷発行

編　集
発行所　公益社団法人　日本道路協会
　　　　東京都千代田区霞が関 3-3-1

印刷所　有限会社　セ　キ　グ　チ

発売所　丸 善 出 版 株 式 会 社
　　　　東京都千代田区神田神保町 2-17

本書の無断転載を禁じます。

ISBN978-4-88950-336-4　C2051

日本道路協会出版図書案内

図 書 名	ページ	定価(円)	発行年
交通工学			
クロソイドポケットブック （改訂版）	369	3,300	S49. 8
自 転 車 道 等 の 設 計 基 準 解 説	73	1,320	S49.10
立 体 横 断 施 設 技 術 基 準 ・ 同 解 説	98	2,090	S54. 1
道 路 照 明 施 設 設 置 基 準 ・ 同 解 説 （改訂版）	240	5,500	H19.10
附 属 物 （ 標 識 ・ 照 明 ） 点 検 必 携 〜 標識・照明施設の点検に関する参考資料〜	212	2,200	H29. 7
視 線 誘 導 標 設 置 基 準 ・ 同 解 説	74	2,310	S59.10
道 路 緑 化 技 術 基 準 ・ 同 解 説	82	6,600	H28. 3
道 路 の 交 通 容 量	169	2,970	S59. 9
道 路 反 射 鏡 設 置 指 針	74	1,650	S55.12
視覚障害者誘導用ブロック設置指針・同解説	48	1,100	S60. 9
駐 車 場 設 計 ・ 施 工 指 針 同 解 説	289	8,470	H 4.11
道 路 構 造 令 の 解 説 と 運 用 （改訂版）	742	9,350	R 3. 3
防 護 柵 の 設 置 基 準 ・ 同 解 説 （改訂版） ボ ラ ー ド の 設 置 便 覧	246	3,850	R 3. 3
車両用防護柵標準仕様・同解説 （改訂版）	164	2,200	H16. 3
路上自転車・自動二輪車等駐車場設置指針 同解説	74	1,320	H19. 1
自 転 車 利 用 環 境 整 備 の た め の キ ー ポ イ ン ト	140	3,080	H25. 6
道 路 政 策 の 変 遷	668	2,200	H30. 3
地域ニーズに応じた道路構造基準等の取組事例集（増補改訂版）	214	3,300	H29. 3
道 路 標 識 設 置 基 準 ・ 同 解 説 （令和2年6月版）	413	7,150	R 2. 6
道 路 標 識 構 造 便 覧 （令和2年6月版）	389	7,150	R 2. 6
橋 梁			
道路橋示方書・同解説 （Ⅰ共通編）（平成29年版）	196	2,200	H29.11
〃 （Ⅱ 鋼 橋 ・ 鋼 部 材 編 ）（平成29年版）	700	6,600	H29.11
〃 （Ⅲコンクリート橋・コンクリート部材編）（平成29年版）	404	4,400	H29.11
〃 （Ⅳ 下 部 構 造 編 ）（平成29年版）	572	5,500	H29.11
〃 （Ⅴ 耐 震 設 計 編 ）（平成29年版）	302	3,300	H29.11
平成29年道路橋示方書に基づく道路橋の設計計算例	564	2,200	H30. 6
道 路 橋 支 承 便 覧 （ 平 成 30 年 版 ）	592	9,350	H31. 2
プレキャストブロック工法によるプレストレスト コ ン ク リ ー ト Ｔ げ た 道 路 橋 設 計 施 工 指 針	81	2,090	H 4.10
小 規 模 吊 橋 指 針 ・ 同 解 説	161	4,620	S59. 4
道 路 橋 耐 風 設 計 便 覧 （平成19年改訂版）	300	7,700	H20. 1

日本道路協会出版図書案内

図 書 名	ページ	定価(円)	発行年
鋼 道 路 橋 設 計 便 覧	652	7,700	R 2.10
鋼 道 路 橋 疲 労 設 計 便 覧	330	3,850	R 2. 9
鋼 道 路 橋 施 工 便 覧	694	8,250	R 2. 9
コ ン ク リ ー ト 道 路 橋 設 計 便 覧	496	8,800	R 2. 9
コ ン ク リ ー ト 道 路 橋 施 工 便 覧	522	8,800	R 2. 9
杭 基 礎 設 計 便 覧 （ 令 和 2 年 度 改 訂 版 ）	489	7,700	R 2. 9
杭 基 礎 施 工 便 覧 （ 令 和 2 年 度 改 訂 版 ）	348	6,600	R 2. 9
道 路 橋 の 耐 震 設 計 に 関 す る 資 料	472	2,200	H 9. 3
既 設 道 路 橋 の 耐 震 補 強 に 関 す る 参 考 資 料	199	2,200	H 9. 9
鋼 管 矢 板 基 礎 設 計 施 工 便 覧 （ 令 和 4 年 度 改 訂 版 ）	407	8,580	R 5. 2
道 路 橋 の 耐 震 設 計 に 関 す る 資 料 （PCラーメン橋・RCアーチ橋・PC斜張橋等の耐震設計計算例）	440	3,300	H10. 1
既 設 道 路 橋 基 礎 の 補 強 に 関 す る 参 考 資 料	248	3,300	H12. 2
鋼 道 路 橋 塗 装 ・ 防 食 便 覧 資 料 集	132	3,080	H22. 9
道 路 橋 床 版 防 水 便 覧	240	5,500	H19. 3
道 路 橋 補 修 ・ 補 強 事 例 集 （ 2 0 1 2 年 版 ）	296	5,500	H24. 3
斜 面 上 の 深 礎 基 礎 設 計 施 工 便 覧	336	6,050	R 3.10
鋼 道 路 橋 防 食 便 覧	592	8,250	H26. 3
道 路 橋 点 検 必 携 ～ 橋 梁 点 検 に 関 す る 参 考 資 料 ～	480	2,750	H27. 4
道 路 橋 示 方 書 ・ 同 解 説 Ⅴ 耐 震 設 計 編 に 関 す る 参 考 資 料	305	4,950	H27. 4
道 路 橋 ケ ー ブ ル 構 造 便 覧	462	7,700	R 3.11
道 路 橋 示 方 書 講 習 会 資 料 集	404	8,140	R 5. 3
舗　装			
ア ス フ ァ ル ト 舗 装 工 事 共 通 仕 様 書 解 説 （ 改 訂 版 ）	216	4,180	H 4.12
ア ス フ ァ ル ト 混 合 所 便 覧 （ 平 成 8 年 版 ）	162	2,860	H 8.10
舗 装 の 構 造 に 関 す る 技 術 基 準 ・ 同 解 説	104	3,300	H13. 9
舗 装 再 生 便 覧 （ 平 成 2 2 年 版 ）	290	5,500	H22.11
舗装性能評価法(平成25年版)―必須および主要な性能指標編―	130	3,080	H25. 4
舗 装 性 能 評 価 法 別 冊 ―必要に応じ定める性能指標の評価法編―	188	3,850	H20. 3
舗 装 設 計 施 工 指 針 （ 平 成 1 8 年 版 ）	345	5,500	H18. 2
舗 装 施 工 便 覧 （ 平 成 1 8 年 版 ）	374	5,500	H18. 2
舗 装 設 計 便 覧	316	5,500	H18. 2
透 水 性 舗 装 ガ イ ド ブ ッ ク 2 0 0 7	76	1,650	H19. 3
コ ン ク リ ー ト 舗 装 に 関 す る 技 術 資 料	70	1,650	H21. 8

日本道路協会出版図書案内

図　書　名	ページ	定価（円）	発行年
コンクリート舗装ガイドブック２０１６	348	6,600	H28. 3
舗装の維持修繕ガイドブック２０１３	250	5,500	H25.11
舗装の環境負荷低減に関する算定ガイドブック	150	3,300	H26. 1
舗　装　点　検　必　携	228	2,750	H29. 4
舗装点検要領に基づく舗装マネジメント指針	166	4,400	H30. 9
舗装調査・試験法便覧（全4分冊）（平成31年版）	1,929	27,500	H31. 3
舗装の長期保証制度に関するガイドブック	100	3,300	R 3. 3
アスファルト舗装の詳細調査・修繕設計便覧	250	6,490	R 5. 3
道路土工			
道路土工構造物技術基準・同解説	100	4,400	H29. 3
道路土工構造物点検必携（令和２年版）	378	3,300	R 2.12
道路土工要綱（平成２１年度版）	450	7,700	H21. 6
道路土工－切土工・斜面安定工指針（平成21年度版）	570	8,250	H21. 6
道路土工－カルバート工指針（平成21年度版）	350	6,050	H22. 3
道路土工－盛土工指針（平成２２年度版）	328	5,500	H22. 4
道路土工－擁壁工指針（平成２４年度版）	350	5,500	H24. 7
道路土工－軟弱地盤対策工指針（平成24年度版）	400	7,150	H24. 8
道路土工－仮設構造物工指針	378	6,380	H11. 3
落　石　対　策　便　覧	414	6,600	H29.12
共　同　溝　設　計　指　針	196	3,520	S61. 3
道　路　防　雪　便　覧	383	10,670	H 2. 5
落石対策便覧に関する参考資料 ―落石シミュレーション手法の調査研究資料―	448	6,380	H14. 4
トンネル			
道路トンネル観察・計測指針（平成21年改訂版）	290	6,600	H21. 2
道路トンネル維持管理便覧【本体工編】（令和2年版）	520	7,700	R 2. 8
道路トンネル維持管理便覧【付属施設編】	338	7,700	H28.11
道路トンネル安全施工技術指針	457	7,260	H 8.10
道路トンネル技術基準（換気編）・同解説（平成20年改訂版）	280	6,600	H20.10
道路トンネル技術基準（構造編）・同解説	322	6,270	H15.11
シールドトンネル設計・施工指針	426	7,700	H21. 2
道路トンネル非常用施設設置基準・同解説	140	5,500	R 1. 9
道路震災対策			
道路震災対策便覧（震前対策編）平成18年度版	388	6,380	H18. 9

日 本 道 路 協 会 出 版 図 書 案 内

図　書　名	ページ	定価(円)	発行年
道路震災対策便覧（震災復旧編）（令和4年度改定版）	545	9,570	R 5. 3
道路震災対策便覧（震災危機管理編）（令和元年7月版）	326	5,500	R 1. 8
道路維持修繕			
道　路　の　維　持　管　理	104	2,750	H30. 3
英語版			
道路橋示方書（Ⅰ共通編）〔2012年版〕（英語版）	160	3,300	H27. 1
道路橋示方書（Ⅱ鋼橋編）〔2012年版〕（英語版）	436	7,700	H29. 1
道路橋示方書（Ⅲコンクリート橋編）〔2012年版〕（英語版）	340	6,600	H26.12
道路橋示方書（Ⅳ下部構造編）〔2012年版〕（英語版）	586	8,800	H29. 7
道路橋示方書（Ⅴ耐震設計編）〔2012年版〕（英語版）	378	7,700	H28.11
舗装の維持修繕ガイドブック2013（英語版）	306	7,150	H29. 4
ア ス フ ァ ル ト 舗 装 要 綱（英 語 版）	232	7,150	H31. 3

※消費税10%を含みます。

発行所（公社）日本道路協会　☎(03)3581-2211
発売所 丸善出版株式会社　☎(03)3512-3256
　　　丸善雄松堂株式会社　学術情報ソリューション事業部
　　　法人営業統括部　カスタマーグループ
　　TEL：03-6367-6094　FAX：03-6367-6192　Email：6gtokyo@maruzen.co.jp